U0208627

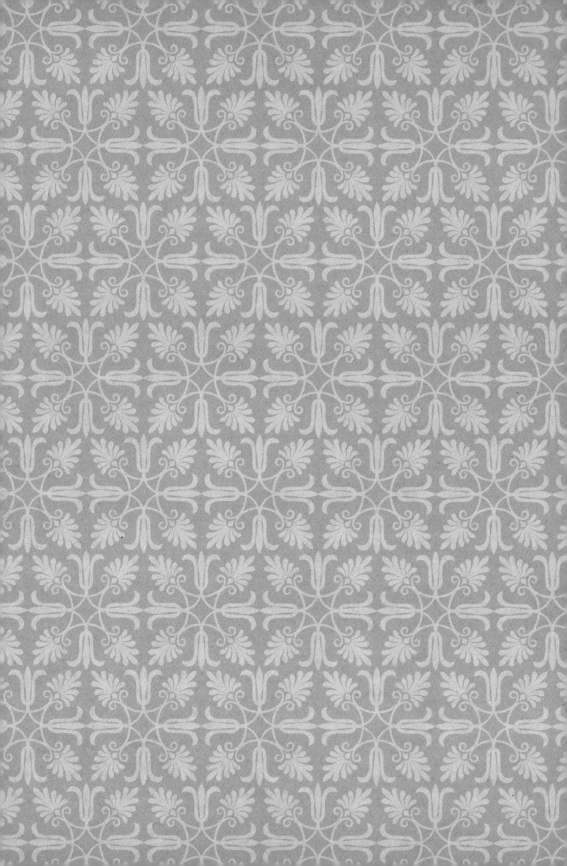

不为人知的 建筑秘密

李 妍◎编著

金盾出版社

内 容 提 要

写字楼那么高，是怎么建上去的？立交桥横跨马路，是怎么做到的？铁轨那么长，能承载那么笨重的火车，这又是怎么回事？……城市是我们人类一手建造出来的，我们每天都在和它们打交道，但是你明白这些都是怎么一回事吗？答案都在你手上的这一本书里面。

图书在版编目（CIP）数据

不为人知的建筑秘密/李妍编著. — 北京：金盾出版社，2013.9
（2019.3 重印）
（科学原来如此）
ISBN 978-7-5082-8476-7

Ⅰ.①不…　Ⅱ.①李…　Ⅲ.①建筑学—少儿读物　Ⅳ.①TU-49

中国版本图书馆 CIP 数据核字（2013）第 129527 号

金盾出版社出版、总发行

北京太平路 5 号（地铁万寿路站往南）
邮政编码：100036　电话：68214039　83219215
传真：68276683　网址：www.jdcbs.cn
三河市同力彩印有限公司印刷、装订
各地新华书店经销
开本：690×960　1/16　印张：10　字数：200 千字
2019 年 3 月第 1 版第 2 次印刷
印数：8 001～18 000 册　定价：29.80 元

前言

对于人们来说，最重要的四件事就是衣食住行。而一说到住，我们就会想起明亮宽敞的大房子，而事实上，建筑不光与"住"息息相关，还有别的很多作用，比如我们可以去锻炼和观看比赛的体育场，我们可以充实自己的图书馆，我们获得知识的学校，当然，还有举世闻名的万里长城，这些都是建筑。以中国为例，泱泱大国，上下五千年的历史，已经足够惊世了。生活在这片富庶土地上的人们极富创造力和进取精神，他们日出而作，日落而息，新石器时代之后各个部落的人们开始相继在黄土地上建造房屋，用人为的力量远离山洞生活。从原始社会的草房杂垒到现代社会鳞次栉比的摩天大楼，人类在建筑史上发生了不止一次的颠覆和奇迹，比如，鸟巢、水立方，而在中国不断进步的同时，世界也在不断发展，世界上的每一个地方，几乎都有其独特的建筑，比如，外表奇形怪状的建筑，以及一些美丽到似乎只应该存在于童话里的建筑，又因为小人物的梦想而诞生的建筑。几乎每一座建筑，都有自己的一段历史，都有自己的特点，都有自己的一个故事，值得我们每一个人去尊重，去学习。

事实上，建筑并不仅仅是盖房子，还要考虑很多问题，比如，选址、原材料及产生的垃圾的处理问题。了解这些建筑，有助于我们更好地了解历史，接近文明。

把目光回转到现在。千百年过去了，人类文明几经辗转终于到了如今的辉煌地步。绚烂之极的现代文明之下，各种各样的建筑也在不断地推陈出新，几乎每一天，都会有新的奇特的建筑诞生，真是让人目不暇接。在享受这些新的建筑带给我们的惊喜的时候，我们更应该回首望望过去，纵观历史，究竟给予了我们什么。

本书中囊括了世界上的很多奇特的建筑，在这里，你可以看到像蛋一样的建筑，建在水上的建筑，似乎要"倒掉"的建筑……是不是觉得非常神奇呢？接下来，就让我们一起去探寻它们吧。

目录

建筑史上的八大奇迹之一 …………………………… /1

爱着火的官邸——白宫 …………………………… /8

山顶的童话世界………………………………………… /15

居住过 24 个皇帝的地方——故宫 …………………… /22

哈姆雷特的背景地………………………………………… /29

在"蛋"里面表演 …………………………………… /36

迈克尔·杰克逊的梦幻庄园……………………………… /42

邮递员建造的宫殿——费迪南德白马公馆 …………… /49

世界上最接近天空的宫殿…………………………… /56

被称为"最老的明星"的奥比安酒庄 ······ /64

东方威尼斯——印度水上宫殿······ /71

历代皇室的私人珍藏馆······ /78

要倒不倒的比萨斜塔······ /85

梦幻迪斯尼城堡的原型······ /92

葡萄山上的秘密花园,德国无忧宫 ······ /99

缩小版的北京故宫——越南顺化皇宫 ······ /106

古根海姆博物馆 ······ /112

酷似黄瓜的圣玛利艾克斯 30 号大楼 ······ /119

荷兰立体方块屋 ······ /125

信不信由你博物馆 ······ /131

机器人入侵——泰国的机器人大楼 ······ /138

会跳舞的房子 ······ /145

建筑史上的八大奇迹之一

◎智智在看长城的画面。
◎妈妈走到智智身边。
◎妈妈给智智讲述荷兰王宫。
◎智智想去荷兰玩。

八大奇迹之一

大家都说世界上有七大奇迹，但是你们知道吗？其实在建筑史上也有奇迹，而且更为独特的是，建筑史上的奇迹总是在不断地"推陈出新"。接下来要介绍的，就是跻身建筑史上八大奇迹之一的荷兰王宫。

荷兰王宫是荷兰王国的四座王宫之一，也是建筑史上的八大奇迹之一。它位于阿姆斯特丹市中心，在水坝广场的西侧，其正对面就是战争纪念碑。很多人都好奇，为什么会选择在这个位置来建这座伟大的建筑呢？其实这是有原因的：这座充满古典气息的皇宫从外面看起来并没有什么独特之处，但是其内部却华丽无比。这座王宫是在 1684～1655 年期间，由 13568 根树桩支撑起来的。让人惊讶的不仅在于现在这些树桩还保留完好，更是因为即使从中抽取出一根树桩，对整个王宫也没有任何影响。这些木桩的承载重量真是让人大吃一惊啊！

说这座让人不可思议的王宫是建筑史上的奇迹，一点也不夸张。由于其位置的明显性，很多画家都喜欢到这里来进行创作。这个地方之前是政府的建筑基地，原来的规划是建设荷兰的政治经济文化中心。

这座建筑是 1648 年开始建造的，地基全部是由柱子打起来的。在

1813 年以前，这是拿破仑的弟弟路易斯·拿破仑的王宫，但是后来又归还给市政府了。1935 年收归王室后，它就一直被用来接待重要宾客。经过岁月的洗礼，这座王宫已经看不出来是由白色方石建造起来的了。

王宫的内部构造

宫殿的华丽装饰均出自名家之手，以荷兰共和国和阿姆斯特丹为主题，把阿姆斯特丹描绘成海洋的是主三角墙的一些浮雕，天花顶上是鎏金的独角兽。整个大厅的地板由大理石铺成，墙壁上挂的是一些现代风格的灯饰与著名的雕塑和一些具有讽刺意义的绘画。大厅上面是一些大型的、漂亮的水晶灯。这样的大厅显得非常宽敞。最吸引人的要数一些

法兰西帝国时期第一个国王路易·拿破仑的遗物——家具。路易斯·拿破仑迁居到这里后，强行在市政厅配置了很多从法国皇室带过来的家具，并且改变了其原来的一些风格。因为这些原因，在这里举办的一些展览，总是少不了拿破仑时代的东西。威廉一世掌管荷兰后，把王宫归还给了阿姆斯特丹。现在，那里就是荷兰国王世代居住的地方了。

现在的荷兰王宫用途还是比较大的，例如，作为接待外国元首、举行重要庆典的场所，另外，它还是皇室成员的大规模聚集地。

王宫所在地——荷兰

荷兰一直享有"欧洲花园"的称号，其种植花草的面积大概有44430亩，而这个国家的土地只有4.1万平方公里，而且种植的大多是

郁金香，因此郁金香成为荷兰的四大国宝之一，其余三个分别是风车、奶酪和木鞋。郁金香之所以能够成为国花，其中的原因之一是其具有很深的寓意，代表着成功、美好、庄严和华贵。关于郁金香的传说有很多，其中最著名的还是关于郁金香来历的一个远古传说。在远古时代，一个女孩同时被三位勇士喜欢，第一个人给了她一块金子，第二个给了她一把宝剑，第三个给了她一顶皇冠郁金香，即使这样，这个女孩子还是谁都不喜欢，于是请求花神帮忙把皇冠变成鲜花、宝剑变成绿叶、金子变成球茎根，合起来就是一朵漂亮的郁金香。其实，郁金香是从别的国家传入荷兰并被荷兰人所热爱的，在荷兰，有这么一句话："谁轻视郁金香，谁就是冒犯了上帝"。荷兰人对郁金香的种种痴爱，使得郁金香的价值顿时提高到一个至高无上的位置，是其他任何物质也难以比拟的，包括财富和权力。

19世纪初，荷兰全国郁金香的种植面积只有130英亩，到20世纪后期，种植面积已经翻了好几番。

小链接

阿姆斯特丹

阿姆斯特丹市是一个名副其实的水城，河道纵横，河网交织，其中著名的运河有王子运河、绅士运河和皇帝运河。此外，阿姆斯特丹还有165条或大或小的由人工开凿或修整的运河道。河道上分布着两千多家设施齐全的"船屋"。要想真正见识和体会到阿姆斯特丹的独特水城韵味，就必须乘坐玻璃船

沿着河道游览。游船在河道间穿行，岸上的荷兰传统居民建筑则静静地矗立着。这种建筑很有特色，它的正面和窗户都是细长的，据说这是因为当时房产税是按门面的面积来征收的，因此为了节省房产税，聪明的荷兰人就尽量减少正面的面积。因为门面实在太过狭窄，荷兰人只好把装饰都放在了屋顶的山墙上。各家的山墙也不尽相同。并且他们的大型家具也是从窗户运进去的，为此，房上还特意设计了突出的吊钩。

师生互动

学生：老师，除了荷兰王宫，世界上还有哪些国家的王宫值得游玩呢？

老师：目前，欧洲一些值得游玩的王宫有英国的白金汉宫、挪威王宫、丹麦王宫、比利时王宫、摩纳哥王宫、西班牙王宫、凡尔赛宫、匈牙利皇宫，等等。另外还有一些亚非国家的王宫也是很雄伟美丽，比如，日本皇宫、泰国王宫、沙特王宫等。如果有机会，你们可以去亲眼看一下，这些都是建筑史上浓墨重彩的一笔。

爱着火的官邸——白宫

◎电视上出现了某个地方着火的
　画面。

◎智智问妈妈该怎么灭火。

◎妈妈给智智讲该怎么灭火。

◎智智恍然大悟。

白宫的前世

白宫，顾名思义，是一所白色的房子，这所房子是美国总统执政期间办公和其家人居住的地方，且总统内阁也在里面。在新总统搬进白宫的前一天，里面的工作人员会把白宫布置得跟新总统原来的家一模一样。白宫除了上述提到的作用之外，还会用来举行各类活动，还有专门开放给游客参观的房间。总的来说，白宫是一个热闹的地方。

在1812年以前，白宫只是一座灰色的沙石建筑，1812年，英国的军队攻入华盛顿后把这座建筑烧毁。1815年，当时的总统门罗下令把烧得黑乎乎的房子的外墙都刷成白色。这样，整个房子的外观就显得比之前好看多了，而且也能把被火烧过的痕迹给遮盖住。由于这所白色的房子渐渐被人们所认识，后来，白宫就成了美国政府的"代名词"。再后来，白宫又被人们起了个小名："爱着火的房子"，这是为什么呢？因为白宫自从那次被英国部队放火烧了之后，好像就跟火结下了不解之缘，每隔15年左右，它总会发生一两起小型火灾。

关于白宫的故事有很多，说到白宫，人们的第一反应就是总统办公和其家人住的地方，也有人认为白宫就是门口有很多门卫和一般人不能进去的地方。这种看法在第三任总统杰斐逊那里得到了彻底的颠覆，只

要不影响到办公，任何人都是可以进去参观的。杰斐逊总统对于到来参观的人们热烈欢迎。为了让民众更加了解总统的生活和美国的历史，政府有明确的规定开放区域；如果想进来看看白宫的风景，欢迎进来，或者你只是想在门口的草坪上安静地看书，也可以。因此，白宫的开放，引来了很多的人来游玩，因为这被以后的总统们认为是一个政府亲民与民主的表现，因此这个政策就被传承下来了。

白宫内举办的活动

白宫的面积一共有7.3万多平方米，坐南朝北，分为主楼和东西两翼。东翼是给游客参观的，在每周的周二到周六对外开放，而西翼则是办公区域，总统的椭圆形办公室就在西翼内侧。主楼的底层是一个外交接待大厅，厅外是南草坪，用来举行对来访国宾的欢迎仪式。主楼二层是总统与家人居住的地方。图书室、地图室、金银瓷器陈列室应有尽有，收藏品也有许多。在鲜花盛开的季节，总是会感觉香气萦绕，这是位于白宫东侧的"肯尼迪夫人花园"和西侧的"玫瑰园"在散发花香。

在历任总统在白宫举办的活动中，最受人欢迎的要说每年都要举办的复活节中的一个叫"滚彩蛋"的节目了。这是专门为儿童和父母举行的，场地就选在白宫的草坪上。这个节目是一项竞赛，参加比赛的人，用一个长长的勺子来推动煮熟了的鸡蛋，让它在草地上来回滚动，另外还有白宫内的一些著名人士穿着专门的服装出现、各种的彩蛋展示和内阁官员精彩的演讲、朗诵等。

创始这项活动的是多莉·麦迪逊，这项活动正式开始于1814年，当时大概有100多人参加比赛，地点是在美国国会大厦前的空地上。1877年以后，那个地方禁止儿童游玩，于是，当时的总统拉瑟福德·

海斯就把这项活动移到了白宫草地上举行。美国现任总统奥巴马一家在他们首次的白宫复活节"滚彩蛋"就以"我们一起玩吧"为主题，目的就是鼓励年轻人过健康、积极的生活。

从被建成到今天已经住过美国40多位总统的白宫，被认为是世界最好客的元首官邸。每一届总统的入住都会根据自己的爱好和风格对其进行重新布置，因此也出现了每换一次新主人，白宫都会给世人崭新的面貌的现象。

白宫的今生

从正门进入国家楼层后，迎面而来的是五个主要的房间。这五个房间依次是国宴室、红室、蓝室、绿室和东室。其中，东室的面积最大，可以容纳三百位宾客，因而它常常被用作大型招待会、各种纪念性仪式和舞会的场所。许多历史事件是在此发生的，比如，七位总统的遗体在这里停放过、许多位总统女儿们的婚礼是在此举行的、肯尼迪在此欣赏过优美的演奏，以及罗斯福在此观赏过日本相扑表演……

　　总统办公用的椭圆形办公室最能吸引人，也许这是因为人们都好奇最高领导人是怎么在此治理国家大事的吧！椭圆形办公室处在西厢的旁边位置，在它对面就是总统专属的玫瑰花园。据说肯尼迪的子女常在办公室和花园之间跑来跑去，嬉戏不止。在办公的闲暇时间，总统也会和他们一块玩耍，共享天伦之乐。肯尼迪在任时还经常邀请各种诗人、作家、音乐大师和演员歌者等到白宫进行表演。因此，白宫也成了艺术家展示自己作品的舞台。

小链接

白宫的由来

白宫的基址是由美国开国元勋、第一任总统乔治·华盛顿选定的，当时有各地的设计师都投递了方案，最后美籍爱尔兰建筑师詹姆斯·霍本的设计方案被选中。他的方案是根据当时流行的意大利建筑师柏拉迪的欧式造型与18世纪末英国乡间别墅的风格而设计的，所用的材料则是由弗吉尼亚州所产的一种白色石灰石。白宫从1792年开始修建，直到1800年才完工。不过那时这个建筑的名字还不叫白宫。到了1902年，总统西奥多·罗斯福才给这个建筑命名为"白宫"。

学生：老师，关于白宫是否有一些趣闻？

老师：美国媒体就报道过有关白宫易主的趣闻。据新闻报道，在1853年时，新任总统克林皮尔斯刚搬入白宫时找不到住的地方了。原来当时没有安排好，宴会结束后，佣人都离开了，没有为他准备好卧室。于是他不得不自己找了根蜡烛，在烛光中自己收拾了一个地方睡觉。

山顶的童话世界

◎智智手里拿着一本童话书。
◎智智翻到一页有宫殿的图片。
◎智智让妈妈给自己讲故事。
◎智智非常想进入童话世界。

佩纳宫的地理位置

辛特拉佩纳宫被人们认为是欧洲宫殿最华美的宫殿，有幸亲眼看到它的人，几乎都无法相信自己的眼睛，误以为自己到了童话世界。其实，辛特拉佩纳宫是真实存在的，辛特拉是一个景色迷人的小镇，就位于葡萄牙的首都里斯本附近不远的郊区。

佩纳宫的建造依据山势而来，建设在岩石之上。在茫茫的大山中，它屹立于树林间小道的终点，真可谓是风景如画，它也因此被称为伊比利亚半岛最富有浪漫格调的宫殿。

这座华美的宫殿位于整个欧洲大陆的最西部，原来曾被作为摩尔人的宫殿。从佩纳宫上能看到建造于古罗马时代遗留至今的城墙，放眼望去也能看到欧洲大陆部分最西端的罗卡角。宫殿看起来像一座城堡，如

同一座乐园，粉红色的外墙让宫殿看起来更加轻灵，而尖尖的塔楼则显示出了城堡的霸气。宫殿下的支柱托起了整座宫殿，如同空中楼阁一般。整座建筑给人带来非常别样的视觉感受：浓烈别致的色彩，贴在墙上的精美瓷砖，以及那充满艺术气息的窗户……无一不让人神往。当然，佩纳宫也给人带来了强烈的视觉冲击，走到这里，就仿佛来到了一个梦中的世界。精致的屋子，美妙的城堡……那些人们认为只存在于童话世界中的东西，这里应有尽有。向前走几步，走到大门附近，你就会发现狰狞的海王坐在了贝壳和珊瑚之上，紧紧守卫着宫殿的大门。整座

宫殿仿佛是一座巨大的迷宫，在里面非常容易迷失自我，特别是在看到了各种风格融会形成的亭子、楼阁、小桥、厅堂等等之后，这种感觉就会更加强烈。这就是一个大杂烩，将文艺复兴式、摩尔式、歌德式、曼努埃尔式等不同的建筑风格结合到了一起。有人甚至夸张地说，这就像用积木搭起来的。

城堡下面的修道院

一座小小的修道院被修建在佩纳宫之下，别看修道院的个头不大，它的修建可比城堡还要早呢。这原本只是一座只有 18 个修道士的小修道院，但是位置绝佳，风景优美，可以从山头上以 360 度来眺望辛特拉的美景。不幸的是，在 1755 年 11 月 1 日，葡萄牙首都里斯本发生了欧洲历史上记载的最严重的 9 级地震，修道院也未能幸免于难，与首都一起在地震中化为一片废墟。说这座修道院命运多舛，真是一点都不夸张，因为早在 17 世纪时，该修道院就因雷击而被击毁。不过令人们吃惊的是，修道院内里面的小教堂并没有被摧毁，依然屹立着。究其缘由，是因为这座小教堂是由雪花石膏和大理石共同建成的，所以异常坚固，一般的小灾小难是没法拿它怎么样的。

1838 年的时候，当时的葡萄牙国王费迪南二世——葡萄牙女王玛丽雅二世的丈夫，在修道院周围买下了一大片的土地。他这么做就是为了修建葡萄牙皇家的宫殿，另外，他还希望在修道院的基础之上建设一座宫殿，将浪漫主义元素和阿拉伯伊斯兰文化等不同文化元素融会到一起。这也是国王与王后亲自参与设计施工的宫殿，在规划完成之后，便邀请了德国的冯埃施韦格男爵来负责兴建工作。要知道，这位男爵可是知名的建筑设计师。历时 15 年，这座集古今之大成的欧洲最华美的

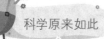

宫殿终于建造成功了。在很多文人墨客眼里，几乎没有哪座建筑物能够
与它媲美，所以人们毫不吝啬对它的赞美之词。著名的英国诗人拜伦用
"灿烂的伊甸园"来形容它，而英国作家则慷慨地授予它"地球上最成
功的一处人居环境"的称号。1889年，这座宫殿被政府收购，成为了
国家资产。1910年，葡萄牙政府正式将其改造成为一座博物馆和纪念
馆，并对其进行了精细的还原修复，对外墙重新粉刷上色，力求使其恢
复原貌。

休闲度假胜地

佩纳宫于早在1995年就被UNESCO列入了世界遗产名录。今日的
佩纳宫又变成了葡萄牙总统以及当地的政府官员在每年休息度假时最好
的去处，这样，它既可以用来休闲，又能用来招待宾客，效用很多。如

科学原来如此

今，宫内的装修摆设并没有太大变化，仍与当年全盛时期相同，又因为曾经是博物馆的关系，这里收藏有许多16世纪的精美瓷砖和家具器皿。佩拉宫有着浓重的色彩，所以很多人的审美观因此受到了冲击，许多葡萄牙人并不认可他，甚至还有人认为这个根本就不是一座皇家宫殿该有的风范。但是纵观当时的社会状况，作为一个大量阿拉伯人居住的城市，这样的建筑出现也就不足为奇了。

辛特拉云集了各种风格的建筑，成为欧洲浪漫派建筑的中心，辛德拉城更是位列欧洲十大最美小镇之中，而辛德拉城的建筑风格也对后世庭院和公园景观的设计美化影响很大。辛德拉集历史建筑和它自身的自然景观为一体，被联合国教科文组织列为"风景文化类"世界文化遗产。这座拥有悠久历史的小城隐藏在连绵起伏的群山和碧绿繁茂的植被下，童话式的城堡和风格各异的建筑在阳光的照耀下洋溢着浪漫的气息，小城中弥漫着各种传统美食的香气，以它独特的异国风情吸引着人们。不管是穿梭在深邃弯曲的深巷中，还是漫步在浪漫的宫殿里，都仿佛置身于美妙的童话世界里，好像一不小心就迷失在葡萄牙迷人的古老建筑和满城的浪漫风情中。

小链接

世界遗产名录

为了保护世界文化和自然遗产，1972 年 11 月 16 日，联合国教科文组织于在第十七次大会上正式通过了《保护世界文化和自然遗产公约》。1976 年，世界遗产委员会成立，并建立了《世界遗产名录》。1985 年 12 月 12 日，中国也加入了《保护世界文化和自然遗产公约》，并于 1999 年 10 月 29 日当选世界遗产委员会成员。

师生互动

学生：老师，拥有这样一个宫殿的葡萄牙是怎样一个国家呢？

老师：葡萄牙的全称是葡萄牙共和国，那里气候温暖，风景秀丽，是欧洲的旅游胜地。尽管它只有九万多平方公里的土地面积，但却不影响它发展。历史上葡萄牙有过非常辉煌的航海史和对外扩张史。它在亚洲、非洲以及拉丁美洲等地占领的殖民地一度达到了其本土面积的 110 多倍。现在，葡萄牙是欧盟成员国之一，也是欧元创始国之一。

居住过24个皇帝的地方——故宫

◎智智在看电视，电视里在播放古装剧。

◎屏幕上出现了皇帝上朝的镜头。

◎屏幕上出现了故宫的全貌。

◎智智梦见自己变成了皇帝

故宫的各个宫殿

北京故宫地处我国首都北京的中心地带，是明、清时期的皇宫，古时称紫禁城。1406 年，明朝皇帝朱棣下令仿照南京宫殿建造成了故宫。这座宫殿的建成历时 13 年，动用了由大江南北征调而来的百万役夫和大量能工巧匠。故宫象征着中国古代文化的发展，它以自己完整的木质结构特点成为了现今世界上最大的古建筑群之一。明朝时间，有 14 位皇帝曾经居住在故宫中，到了清朝，有10位皇帝居住于此。也许这也是大家对故宫如此心驰神往的原因之一，毕竟很多人都好奇皇帝是怎么过日子的。那个时候的中国，故宫就象征着至高无上的权利，而这种现象一直延续了500年。直到辛亥革命发生，清政府被推翻，故宫才彻底结束了它作为权力中心和皇宫的使命。

　　故宫的内部设计得非常巧妙，一条南北走向的中轴线贯穿北京故宫，所有建筑分布左右，结构周密，由内廷和外朝两部分组成。故宫戒备森严，四周围绕着结实的城墙，被四面的筒子河环抱其中。这么森严的戒备，当时的老百姓根本就没法接近，更别说进去游玩了。要是进去了，肯定会被当作刺客抓起来。故宫的四角有角楼，四面城墙各有一个门，南面的午门是正门。外朝以中和殿、保和殿、太和殿为中心，东面以武英殿、文华殿为两翼，是皇帝举行庆典、处理政事的地方。内廷则以交泰殿、坤宁店、乾清宫为中心，以东六宫、西六宫为东西两翼，另外还有奉先殿、养心殿、宁寿宫、慈宁宫、斋宫、毓庆宫、御花园等，供皇帝、皇后与嫔妃游玩居住用。前朝后堂，分工严谨，不可随便逾越，这也体现出中国古代十分注重内外分工、等级分明。

故宫有多少个宫殿？

北京故宫占地约 72 万平方米，这么大的占地面积，到底分布有多少间宫殿呢？就这个问题曾流传下来一个传说：当年，刘伯温奉旨修筑故宫，皇上及其子燕王要求怎么气派怎么建，以显示皇室的尊贵。对于

如此的铺张浪费，刘伯温并不赞同，于是他想出一条妙计。他禀告皇上，玉皇大帝曾入梦召见他，下令天宫宝殿有一千间，凡间的宫殿不可多于天宫，且需要请三十六位金刚和七十二位地煞保护凡间皇城，方可风雨调顺、民殷国富。皇上听完，对这一说法十分信服。此事在北京城传开

之后，老百姓都等待着看刘伯温如何修建皇宫，去何处请到三十六位金刚和七十二位地煞来保护皇宫。皇宫建好后，各宫苑金光灿灿，如有神驻，气派不凡，皇上看到了非常高兴，当即加封刘伯温。外邦听闻刘伯温请来了天宫神仙保护皇城，也不敢兴兵犯上。过了很久人们才知道，故宫中有宫殿九百九十九间半，宫殿门口摆放了三十六口镶金大缸就是所谓的三十六金刚，而故宫中的七十二条地沟就是七十二地煞。不过这只是民间传说，据专家实际测量发现，故宫大小院落共计 90 多座，房屋共 980 间，总计殿宇 8707 间（这里的"间"指的是由四根房柱构建的空间）。

故宫的价值所在

1987 年，故宫被联合国教科文组织列入"世界文化遗产"的行列。我们眼中的故宫，宫殿内部以砖木结构建造而成，以黄琉璃瓦为顶，青白石为底座，墙壁上的彩绘金碧辉煌。整个故宫威武而庄严，让我们不得不对中国古代的那些能工巧匠们心生赞叹。在那个科技并没有现在发达的年代，他们运用自己的智慧为帝王们建造出了这座豪华宫殿，直到今天，我们还是对它引以为豪。

与此同时，故宫还是一座可移动文物的宝库，故宫博物院就坐落在这里。这里的可移动文物藏品超过 180 万件，其中珍贵文物就有 168 多万件。故宫 2012 年单日最高客流量突破了 18 万人次，全年客流量突破1500 万人次，堪称世界上接待游客最多最忙的博物馆。

故宫其实还有一个名字，叫做"紫禁城"，这是根据中国古代的星象学说来的。"紫"是紫薇垣，在天空正中央最高处，由十五颗恒星组成，有"运乎中央，临制四方"的说法，是天帝居住的宫殿。古人称皇帝是天子，所以就取名"紫禁城"。

故宫和法国的凡尔赛宫、英国的白金汉宫、美国的白宫和俄罗斯的

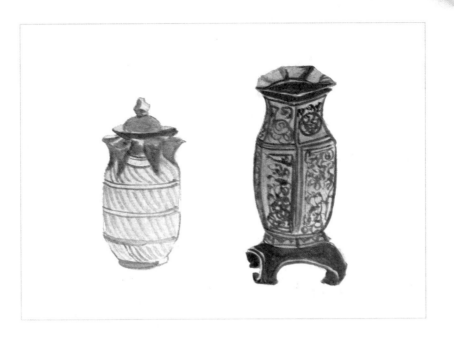

克里姆林宫并称为世界五大宫。联合国教科文组织将故宫评为世界文化遗产时的评语恰到好处地表明了故宫的特色，"紫禁城是中国五个多世纪以来的最高权力中心，它以园林景观和容纳了家具及工艺品的9000个房间的庞大建筑群，成为明清时代中国文明无价的历史见证。"

故宫周边

故宫外围是一条宽52米，长3800米，深6米的护城河；四面的城墙南北长960米，东西宽753米，高10米，面积达到了72万平方米，是世界之最。城墙上有四个门，还有四个角楼，角楼有三层屋檐，72个屋脊，造型别致，为故宫增色不少。

师生互动

　　学生：老师，电视里常提到的冷宫真的有吗？

　　老师：说到冷宫，我们先要了解三宫六院。三宫指故宫中路的乾清宫、交泰殿和坤宁宫，六院则是指东六宫和西六宫。皇帝有许多妃子，妃子们就住在东西六宫中。一旦她们中的一位失宠了，就会悲惨无比，无聊等死。冷宫并不是指特定的一个宫殿，而是代指关押王妃或皇子的地方。根据一些文献记载，明、清时代被作为"冷宫"的地方有好几处。

哈姆雷特的背景地

◎妈妈带智智去看话剧。

◎今天上演的是话剧《哈姆雷特》。

◎智智被剧中的情结感染。

◎智智也想变成王子。

丹麦人心目中的祖国

在丹麦的哥本哈根北部，有一个很小的小岛。不要觉得这个岛小就觉得它不起眼，在这里，拥有丹麦最威严的宫殿之一——克伦堡宫，这是丹麦最能让世界记住的宫殿。这个宫殿让人敬仰的不仅是它巍峨的建筑群和宏大的气势，还有独属于文艺复兴的印记——它建造的风格秉承了文艺复兴时期的审美，凝聚着丹麦人的民族灵魂和品格。无论是对丹

麦还是对世界而言，克伦堡宫的意义都是不可替代的。现在的克伦堡宫
早已退下了权力的舞台，但却依然从另一方面展示着丹麦在文艺复兴那
个伟大时期的历史面貌，以一个记载历史的博物馆形象屹立在丹麦大
地上。

在丹麦人眼里，克伦堡宫是神圣侵犯的，是他们最遥远的故乡，甚
至是丹麦的代表。丹麦人有一句古老的话用来形容回归祖国的愿望，就
是"驶向克伦堡"。在丹麦人的心里，克伦堡宫就是祖国，就是丹麦。
克伦堡宫在丹麦人眼里的意义不可替代，说它是十六世纪到十世纪欧洲
不可或缺的部分，都是名副其实。

这座宫殿修建于轰轰烈烈的文艺复兴时期，面世于十六世纪七十年
代，具体时间是 1974 年。刚修建完成的时候，它被弗雷德里克二世当
作统治丹麦的宫殿，人们只能仰望它的威严。慢慢的，这座宫殿的主
人——弗雷德里克二世和当时的贵族都认为财富相比军事而言，更能体

现出自己的威严和力量。所以他们修建了克伦堡宫外围的建筑群，还对克伦堡宫进行了修缮。这种修缮不仅体现在他给宫殿的室内加上了华丽的饰品，还在于他把那些平顶的房屋修成了尖尖的塔尖和屋顶，彻底帮助克伦堡宫变成有文艺复兴气息的典型建筑物。假如你站到足够远的地方，就可以看到巍峨的宫殿耸入云霄，古色古香；附近驻扎的军队金戈铁马，战意正浓。这种力量与美形成了独特的冲击力，震撼着人们的心房。走进宫殿，你就会发现，里面所有的设计都和文艺复兴的风格相吻合，其中还有一些巴洛克风格的设计，这个环境让我们可以很真实的看到那个时代丹麦皇室的生存状态和审美体验。为了让克伦堡宫拥有保护自己的力量，后来生活在这里的统治者，不断地通过增加外围的建筑物和部署军事工事来增加它的防御力。这也是这么久以来，克伦堡宫屹立不倒的原因之一。

"丹麦人霍尔格"

克伦堡宫值得游览的不仅是它的历史，还有另外一段历史渊源，这个故事要从克伦堡宫地下工事里的一尊雕像说起。这是最受欢迎的一尊雕像，不知道其中详情的我们也许会好奇地认为，这个雕像会是丹麦信仰的神或者统治者。但是事情的真相就是这样的吗？不是的，这个雕像是为了纪念海盗时期的勇士"丹麦人霍尔格"而刻的。他身着戎装，抱剑而眠，曾经为丹麦立下汗马功劳，保卫了丹麦的领土完整和平安，就算以后的丹麦进入了和平期，他依然抱着剑保持着警戒，结果抱着剑睡着了。现在"丹麦人霍尔格"在丹麦已经不仅仅是简单的武士，而是永不妥协、随时准备为国而战的精神，那这座雕像受人欢迎也就不足为奇了。

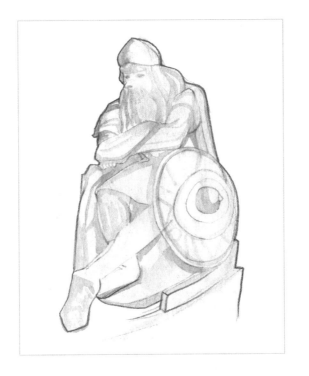

哈姆雷特与克伦堡宫

　　克伦堡宫在文学作品中也很有名，很多人都不知道，这里其实是大文豪莎士比亚所做的悲剧《哈姆莱特》最负盛名的背景地。莎士比亚流传于世的四大悲剧是《哈姆雷特》、《麦克白》、《李尔王》和《奥赛罗》，也是莎士比亚最成名的作品中的几部，1601 ～ 1602 年时诞生了伟大的作品《哈姆莱特》，故事的背景就在这里。据说刚开始，哈姆莱特的故事就源自于丹麦的民间故事。1602 年，莎士比亚决定将这个故事改成剧本，于是就把故事发生的地点定在了古老的克伦堡宫，故事里面一幕幕精彩的内容都发生在这个宫殿之中，写成了一部让人叹息的文学悲剧。虽然在莎士比亚去世的数百年间，人们将《哈姆莱特》搬到了世界各地的舞台上，但是所有的故事情节都成为这座宫殿的印记，甚至《哈姆莱特》也无形的成为克伦堡宫的宣传之一。

　　而这个闻名世界的文学作品也为克伦堡宫添加了浓厚的艺术气息，为了纪念这位文豪，在克伦堡宫外面的墙壁上，还有一幅生动的莎翁的浮雕像呢！因此克伦堡宫也得到了另外一个有趣的名字，就是哈姆雷宫。就在现在的古堡里，还存放着两张《哈姆莱特》的演出剧照呢！每年金秋来临的时候，古堡里还会举行很多和《哈姆莱特》有关的活动以此纪念莎士比亚，吸引了全世界各地的旅游者，还促进了当地旅游业的发展呢！

小链接

莎士比亚

要说莎士比亚，那绝对是文艺复兴时期最伟大的戏剧家和诗人。尽管他原著所用的语言只有英文，但他的作品经由翻译家们翻译成了各种语言的版本，流传开来，让他闻名于世界。世界各地的导演和剧作家，都将莎士比亚的作品搬上了自己国家的艺术舞台。此外，许多名人都给了莎士比亚很高的评价，本·琼森称赞莎士比亚为"时代的英雄"，德国思想家马克思将莎士比亚和古希腊的埃里库罗斯比肩，称他为"人类最伟大的戏剧天才"。如今大家都敬称莎士比亚为"莎翁"。

师生互动

学生：老师，克伦堡宫现在作为博物馆，都陈列些什么呢？

老师：博物馆里国王与皇后的两间卧室装修豪华，有华美的门庭、油画天花板和大理石壁炉。馆内陈列着大量的古式家具、油画、挂毯和木雕等。二层的国王居室里还有一幅英国国王查尔斯一世的画像。画像是克里斯蒂安四世委托荷兰著名画家盖拉德·洪托斯特画就的。

在"蛋"里面表演

◎早上，妈妈让智智吃鸡蛋。

◎智智跟妈妈撒娇，不想吃鸡蛋。

◎妈妈对智智进行"利诱"。

◎智智乖乖地把鸡蛋吃掉了。

小巨蛋体育馆

　　一想到台湾，人们就会想起那里的很多小吃，那美味的小吃真是让人垂涎不已。除了美食，那里还有一个非常著名的地方——台北小巨蛋。很多人刚一到达台湾，就会先跑到台北著名的小巨蛋体育场里购物。还有的人非要在这里看一场演唱会，才会觉得自己这次没有白来。

小巨蛋的职能绝不止简单的商场，因为它还是台北最有名气的体育场，这里的商品五花八门、种类繁多，人们可以找到自己需要的各类货物。

标志着台北走向世界的建筑物建造在南京路和敦化路相交的地方，也是台北体育锻炼、体现民众健康体质的重要标志，这就是著名的小巨蛋体育场。这座体育馆耗资逾 17.76 亿，里面设有上下两层停车场以及

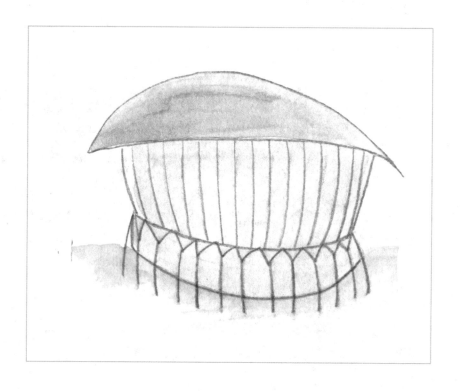

数目庞大的观众席。据统计，观众席大概有一万五千个。想象一下，如果整个体育馆都坐满了人，该是多么壮观的场面。小巨蛋的主体建筑物包括主馆和副馆，这些观众席都设在主馆，座位分为七种格局，贵宾包厢有 104 席，预铸式看台 6059 席、上层 3980 席、活动式看台 1814 席、伸缩式看台 2516 席。

站在台北的高楼上，你可以远远看到小巨蛋钛金属板的屋顶闪闪发

光，造型独特的外观给人艺术的质感。走近室内，可以在主楼看到精心设计的 VIP 包厢和主题餐厅，副楼还有各种健身场馆和体育场馆，设备齐全。另外，让人们记忆深刻的还有小巨蛋中间巨大的空场地。几乎没人可以说清，在这里，到底有多少位歌唱家举行了演唱会，留下了自己的歌声。这个空间到底有多大呢？小巨蛋体育场主楼的面积阔达 9 万 9百多公尺，这里不但经常进行各种体育比赛，还被当做台北对外交流文化的重要场所，具有代表性的就是 2005 年，亚洲文明雪狼湖歌舞剧在这里举行，拉开了小巨蛋作为文化场所的序幕，在这之后台北官方对市民全面开放了小巨蛋，现在如果你去这里。可以在健身之余躺在小咖啡馆里，惬意地品味唇齿间咖啡的香味。

"巨蛋" 诞生

小巨蛋体育馆竣工于 2005 年 10 月，冬天开幕。竣工之日，台湾铁肺歌后张惠妹第一个在小巨蛋开嗓，开了小巨蛋历史上的第一场演唱会。之后，小巨蛋一直都处于十分忙碌的状态。孙燕姿台北演唱会在这里拉开序幕，而小巨蛋的第一场正式演出则是四大天王之一的张学友《雪狼湖》音乐剧的演出，这场演出气氛火热，全场爆满，创下了纪录。之后又有著名的日本艺人滨崎步将小巨蛋作为亚洲巡演的第一站，女子天团 S. H. E、张惠妹、五月天等演艺明星纷纷在这里举办了演唱会，每一场都气氛热烈，几乎座无虚席，见证了小巨蛋在文化交流方面的职能。

与其强大的功能相对应的是，小巨蛋体育场配套的服务措施也很完善，场内有停车场、商店、餐厅、多功能体育馆、看台等设施，不但可以提供居家的享受，还更为一些大型活动如演唱会带来良好的视觉效果和心理冲击。

台北新地标

小巨蛋是台湾首座室内多功能体育馆。它的正门面对着南京东路，有巨型的 LED 电子看板"台北天幕"，也被称为小巨蛋天幕。平日里，这个看板都用来播送活动信息与广播。在小巨蛋里，还有一个冰上乐园，预计为 2017 台北夏季世界大学生运动会的篮球项目决赛场馆。

小巨蛋体育馆采用钛金属板作为屋顶的材料，隆起的屋顶就像一个巨大的鸡蛋。它的外观呈圆弧形，线条流畅，充满现代艺术感。如今，小巨蛋已经成为台北市的新地标了。整个体育馆分为主馆和溜冰副馆。经常举办网球、体操、篮球、跆拳道等室内体育比赛。另外，各类文艺演出和展览也常在这里举行，有许多的歌手曾在这儿开过演唱会。现在，小巨蛋已经不仅仅是一个体育馆了，而是一个大型的综合商场，一个提供并销售各式商品和特色餐饮的活动广场。民众可以来到这里休息，消费，品尝咖啡，欣赏美景。

小链接

台北美食

在台北，几乎可以吃到各种各样的小吃，说台北是小吃的汇集地，真是一点都不夸张。这里不但有西门町鸭肉扁（但其实卖的是鹅肉面），台南的度小月（担担面，但是和成都担担面完全不一样），淡水的阿给以及阿宗面线，永康街的芒果冰和鼎泰丰。如果有幸去了台北，这些美食都是绝对不可错过的噢，一定会吃得心满意足，齿颊留香。

师生互动

学生：老师，小巨蛋周围有什么好玩的呢？

老师：小巨蛋体育馆从 2005 年 12 月 1 号正式开幕以来，带动南京东路三段、环亚商圈等都会复合式商圈向更加蓬勃繁华的趋势发展，周边也有不少咖啡店是放松心情很好的选择；此外由于台北小巨蛋体育馆处于市中心地带，因此邻近京华城、微风广场、迎风河滨公园以及饶河街观光夜市，是民众假日逛街购物、踏青郊游的好去处。

迈克尔·杰克逊的梦幻庄园

◎智智在家看电视，非常无聊。

◎突然，智智调到了一个频道，看到了迈克尔·杰克逊。

◎智智跟着电视中的迈克尔·杰克逊学起了太空步。

◎智智给爸爸表演学到的舞步。

梦幻庄园名字的来源

　　2009 年,当迈克尔·杰克逊离开这个世界之后,举世哗然,所有的人都尝试着去了解这个一生都充满了传奇色彩的人物。在他的生命里,歌迷收到的最好的礼物便是迈克尔·杰克逊华丽的舞姿。也许很少有人知道,1988 年,迈克尔·杰克逊成为英国最奢华的豪宅之一——

梦幻庄园的主人。

　　《小飞侠彼得潘》是梦幻庄园名字的灵感来源。所有的孩子都梦想着去那座令人无限向往的庄园，那是人间的天堂。走进梦幻庄园之前，一定要做好充足的心理准备。它给你带来的震撼远远不止是华丽那么简单，那是梦一般的童话。梦幻庄园的建筑风格沿袭了丹麦农舍的格局样式。这里的建筑极多，若要让你真正去数一数到底有多少房屋，恐怕一会儿你的眼睛就忙不过来了。

　　你眼前的一切都可能晃花你的眼睛，所以不管你看见什么，都不要吃惊，即使呈现在你眼前的是一个私人动物园。迈克尔·杰克逊专门聘请了专业的动物管理员来饲养这些动物。在这座令人惊叹的动物园里，一年中各个时期喂养的动物都各有不同，长颈鹿、大象、狮子、骆驼还有各种各样的爬行动物都是这里的常客。如果你喜欢英格兰风格的花园，那么你一定会更加开心。梦幻庄园里的花园里安放着一个孩子玩耍的雕像。你看到这个雕像的时候，是不是也想起了那个不愿长大的孩子——彼得潘。也许，你从来都不知道他，没关系，如果有一天你见了，肯定会喜欢他的。现在，闭上眼睛想象，你走进梦幻庄园，抬眼便能看见那座巨大的人工湖，还有天鹅样式的船只和飞流直下的瀑布，那样美丽的景观，恍若仙境。

梦一样的梦幻庄园

参观了这么多景致，你是不是在想，恐怕这些已经是梦幻庄园的全景了吧？你错了。我们看到的只是梦幻庄园很小的一部分。如果你不想

看风景，这里还有专门为小朋友建造的电影院，那些有永远看不完的电影和动漫足以让你欢喜了。喜欢唱歌跳舞的女孩子，还可以去舞蹈室，

当然，男孩子也可以在这里找到自己的天地——游戏室。如果所有的这些都不能吸引你，你只是喜欢一个人安静地看书，那么，梦幻庄园同样可以满足你。那里有无数藏书的书房，只要你愿意，你尽可以在里面泡上一整天。如何？是不是跟你以前的世界不一样，像不像我们平时所说的天堂？如果我说，刚才的一切都不算什么，接下来还有更多更好玩的惊喜，你是不是要把眼睛都瞪出来了呢？

如果你看过哈利波特，肯定会无比喜欢里面的那辆火车。你是不是也想亲身体验一把？机会来了，在梦幻庄园里面有一辆专门为孩子准备的小火车，用的是一般的火车轨道，它能够绕着梦幻庄园的建筑走一圈。看到这么多孩子玩乐的设施，大人们都要沮丧了。不过，来此的大人们也不必失望，这里还有一辆蒸汽机车，它与火车不同，拥有专用的站台和特定的轨道，是专门为来此的大人们准备的。梦幻庄园是孩子的乐园，大人的天堂。

梦幻庄园里的音乐

置身于梦幻庄园，不管你身处何地，随时都能够享受到动听的乐曲。热爱音乐的迈克尔·杰克逊在整个梦幻庄园的假山石里都装上了音箱，所以只要你在梦幻庄园里，随时都能够沉醉于美妙的音乐。有好多路过梦幻庄园的人，隐约听见那动人的音乐，还以为这里的主人正在举办宴会呢！这里不仅有美妙的音乐，还有各种各样孩子们喜欢的游玩设施，例如，碰碰车、蹦床、摩天轮随处可见。迈克尔·杰克逊不仅在音乐上取得了卓越的成就，他还是一位慈善家，每年都有很多贫困或残疾的孩子被邀请到这里，而梦幻庄园免费为他们开放。每一个来到梦幻庄园的孩子，都会爱上这座人间的天堂。

梦幻庄园不仅有世界上最先进的音响设备，其他的设备也非常齐

全。在这里你可以痛痛快快的玩耍，若是不小心生病了也不要紧，这里还有专门为生病儿童配备的专业医疗设施。迈克尔·杰克逊兴趣广泛，不仅仅表现在音乐上，在梦幻庄园的动物园中，还养了他喜欢的孟加拉独眼眼镜蛇和缅甸巨蟒。迈克尔·杰克逊还聘请了专业的消防员，不过这可不是为梦幻庄园准备的，主要是防止庄园周围的房子发生了火灾，迈克尔·杰克逊可以随时提供义务的帮助。

梦幻庄园已经不能用一场梦来形容，这是一场真实的幻境。

小链接

迈克尔·杰克逊（Michael Jackson, 1958. 8. 29－2009. 6. 25）全名迈克尔·约瑟夫·杰克逊，简称MJ。他在世界各地都极有影响力和知名度。他是音乐家、舞蹈家、艺术家、表演家，也是一个慈善家，被誉为流行音乐之王。无数我们熟知的明星都爱模仿他的独创舞步。迈克尔患了白癜风皮肤病之后，皮肤变得惨白。迈克尔本来还可以多活几年，但由于私人医生康拉德违规注射镇静剂过量，导致迈克尔在 50 岁时就离开了人世。他死亡的时间是美国当地时间 2009 年 6 月 25 日。

迈克尔可以说是音乐史、舞蹈史、表演史上最杰出的艺术家，获得过格莱美终身成就奖，并且他还两次入选了摇滚名人堂，且是以个人名义。除了这些，迈克尔还荣获了多项吉尼斯世界纪录，包括"最成功的流行乐家庭"、"一年赚钱最多的流行乐歌手"、"世界历史上最成功的艺人"。迈克尔是全美音乐奖历史上获奖最多的艺人，其中有 17 首美国 Billboard 榜冠军单曲和 15 座格莱美奖以及 26 座全美音乐奖。

师生互动

学生：老师，迈克尔·杰克逊死后是被葬在梦幻庄园吗？

老师：这个就不得而知了，不过杰克逊的母亲反对将儿子葬在梦幻庄园。原因是 2005 年迈克尔被控告猥亵儿童，让他觉得自己玷污了梦幻庄园，而决定不再踏进梦幻庄园了。但国外媒体有报道称会用两匹马将装有迈克尔遗体的白色马车拉到梦幻庄园。

邮递员建造的宫殿——费迪南德白马公馆

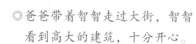

◎爸爸带着智智走过大街，智智看到高大的建筑，十分开心。

◎智智跑到一座建筑下去照相。

◎智智跟爸爸说想成为一名建筑师。

◎爸爸给智智讲解做建筑师的要求。

费迪南白马公馆的来历

在很多人眼里，建筑学是一门学问高深的科目。因为，一般来说，接触建筑学的人不仅要具有丰富的理工科知识储备，而且还要有优越的艺术天赋和丰富的想象力，能够把你脑海中想象到的建筑物雏形形象的绘制出来。在建筑工程施工时，建筑师还要观察建筑工地的具体施工情况，评估工程的安全性和施工进度。由此可见，成为一名建筑师需要一定的"资本"。但是，我们今天所说的这栋震惊世界的建筑的创始人却不是一名专业的建筑师。那栋美轮美奂的建筑就是法国的费迪南德白马公馆，它是一名邮递员历时34年时间独自完成的一项庞大的建筑工程。让我们一起来探寻法国费迪南德白马公馆创建的历程吧！

费迪南德白马公馆吸引着全世界的目光。特殊的建筑材料和独特的外形使费迪南德白马公馆延续了法国传统的浪漫主义。若你去法国想好好体会一下浪漫之都独特的异域风情，那么，费迪南德白马公馆是一个不错的选择。人们很可能只是听说过这座建筑的名字，而对于它的建筑风格却是一无所知。但是，学建筑的人对费迪南德白马公馆都有深刻的了解，这座由一名普通的乡村邮递员独自建造的结合了各个国家地区建筑风格的传奇宫殿，是怎样一个伟大的传奇！一个没有任何系统的建筑学知识基础，也没有任何施工背景的乡村邮递员，能够把这么一个庞大精奇的工程完好地展现在我们面前，这本身就是一个传奇。

邮递员的大梦想

费迪南德是一个勤劳的乡村邮递员，每天他都需要送大量的信件，他穿梭在那条不平坦的小路上，刮风下雨也不停歇。一天，费迪南德在送信的途中，突然看见一颗形状奇异的石头，他在这条小路上送了那么

多年信，还是第一次见到这样奇特的石头，费迪南德想，要是我能够建造一座与这块石头一样形状的宫殿该多好啊！这个偶然的想法在费迪南德脑海中生根发芽，终于有一天，那个小小的念想长成了参天大树。费迪南德决定把这个想法变成现实。没有任何建筑知识储备的费迪南德根本不知道怎么着手建造这座宫殿。不过，这样的小困难根本不可能难倒

费迪南德，喜欢看书的他利用闲暇时间，在图书馆里阅读了大量关于建筑学的书籍刊物，不仅如此，他还重点研究了各个国家典型建筑的风格类型。费迪南德做完这些准备之后，于1879年，开始建造自己的宫殿。费迪南德白马公馆历时34年终于建成。宫殿落成的那一天，费迪南德把这座宫殿命名为费迪南德白马公馆。

费迪南德白马公馆的魅力

与其他风格鲜明的建筑相比，费迪南德白马公馆被人戏称为"四不像"，若说它是传统的哥特式建筑，可是它又有中国宫殿的影子，你若说它是中国宫殿的缩影，它又不讲究对称，若非要给它定一个风格，

费迪南德白马公馆可以说是各种建筑风格的糅合体。费迪南德白马公馆结合了不同国家地区、不同时期的建筑类型，最明显的风格则要数中国

风格、北欧风格以及阿尔及利亚风格。如果你没有见过费迪南德白马公馆，你能够凭空想象出来一座融合了这么多建筑风格的宫殿吗？那绝对是一种震撼性的视觉冲击！不过，费迪南德白马公馆最特别的地方还不是它的建筑风格，而是构建整个宫殿所用的石头。一块石头引发了费迪南德创建宫殿的大胆想法。费迪南德在建造宫殿的三十多年间一直不间断地搜集形状各异的石头，这些石头不仅造型奇特，材质更是不同，贝壳、石灰石、岩石都是构造这座美丽宫殿的一部分。我们禁不住要为费迪南德高声喝彩了！正是因为他的一念之间，正是费迪南德坚持不懈的毅力和决心，我们才能看到今天这座美到极致的宫殿。

小链接

法国人浪漫又迷人，对文学和艺术十分钟爱且有天赋。在文学上，法国有伏尔泰、卢梭、雨果、莫泊桑、福楼拜等大文豪。在艺术上，由于近现代起在继承传统的基础上开始大力创新，法国出现了印象派代表人物莫奈和野兽派代表人物马蒂斯，还有罗丹这样的雕塑艺术大师。早在17世纪，法国就在艺术设计和工业设计领域处于世界领先地位。此外，凭借"法国制造"的标签，有关工业设计、实用美术、时装设计和建筑设计等专业的院校设计的商业产品也声名远扬。

法国戏剧导演让·维拉尔在1947年创立了阿维尼翁戏剧节。当时法国刚从"二战"阴影中走出来，百废待兴。而戏剧节的出现就是为了推动法国文化艺术的复苏与发展，让戏剧艺术走出殿堂、走入民间。每年夏天阿维尼翁戏剧节都在法国南

部小城阿维尼翁举行，这个小城早已成为欧洲现代戏剧集中展示的大舞台，也是联合国教科文组织批准的世界文化遗产。

　　戛纳国际电影节是世界三大电影节之一，也是世界上最早、最大的国际电影节之一。每年的5月，法国东南部海滨小城戛纳就会迎来为期两周左右的戛纳国际电影节。1956年时，电影节的最高奖叫做"金鸭奖"，次年起被改成"金棕榈奖"。

师生互动

　　学生：费迪南德太伟大了！我们要怎么做才能跟他一样厉害呢？

　　老师：费迪南德由于强大而执着的毅力，才能在历经34年之后建成费迪南德白马公馆。34年，是一个人一生时间的三分之二了。这个世界上，有多少人愿意花费生命中宝贵的几十年时间只用心做一件事的呢？这样的人实在是太少了。可能你们中间的一些同学能坚持3个月、6个月，那一年之后，两年之后呢？你们还会继续坚持下去吗？99%的人都会选择放弃。因为不能承受那个过程中的孤独和劳苦。可是费迪南德却真正地开心地建造这座宫殿，34年从未退缩。这就是毅力。学习这些，主要是为了让你们看到费迪南德先生永不言弃的毅力和信心。等你们长大的时候，即使忘记了自己的梦想，也不能够忘记做一件事所需要的毅力和决心。没有毅力的人将一事无成。

世界上最接近天空的宫殿

◎智智看着天边的晚霞发呆。

◎智智看着飞过的小鸟。

◎智智看着小鸟飞走，十分失落。

◎爸爸告诉智智，上天并不是难事。

松赞干布与布达拉宫

    天空是非常迷人的，不管是晴空万里的时候，还是电闪雷鸣的时候，都让很多人忍不住想去靠近它。但是，天空离我们实在是太远了，只能远观，却不能靠近。其实，世界上有一座接近天空的宫殿，这就是西藏布达拉宫。它位于西藏首府拉萨市区的玛布日山上，又被称为"第二普陀山"，是一座历史悠久规模宏大的宫堡式建筑群，距今已有

1300 多年的历史。布达拉宫耸立在神秘的青藏高原之上，被称为世界上最接近天空的宫殿，是拉萨乃至整个青藏高原的标志性建筑，并于 1994 年入选世界文化遗产名录。

说到布达拉宫，就不得不提到它的最初建造者——第三十三代藏王松赞干布。松赞干布是西藏历史上最传奇的藏王之一，他出生于西藏自治区墨竹工卡县的岬玛乡，13 岁继承王位，17 岁平定内乱，完成了西藏统一，西藏统一之后，松赞干布于公元 633 年迁都拉萨。松赞干布是第一位将佛教引入西藏的藏王，同时也是位虔诚的佛教徒。迁都之后，松赞干布经常在拉萨近旁的红山上祈祷诵经，红山形似一头安然躺卧的巨象，后来这座山就被命名为"布达拉"。由于倾慕盛唐文明，富有外交远见的松赞干布屡次向唐请求通婚，贞观十五年，文成公主入藏，开始了汉藏外交的新篇章。松赞干布为了迎娶文成公主，特别在布达拉山

上修建了自己的皇宫，该皇宫高 9 层共有宫殿 1000 间，这就是最初的布达拉宫，当时被称为"红山宫"，后来才改名为布达拉宫，布达拉在梵语中的译音是"观音胜地普陀洛迦"，意为观音慈航以普度众生。藏语布达拉的真实含义就是观音道场。最初的布达拉宫，规模并不宏大，但每个房间都富丽堂皇，无比稀有。随着时间的流逝，布达拉宫历经历史沧桑，见证了吐蕃王朝的兴盛与衰落，吐蕃王朝灭亡后，布达拉宫曾一度毁于战火，仅法王洞和帕巴拉康主殿尚存。公元 17 世纪，五世达赖喇嘛重建布达拉宫，此后几世的达赖喇嘛也都进行了不同程度的修整扩建，直到 1936 年十三世达赖喇嘛的灵塔殿建成后，现今布达拉宫的格局才得以形成。

见证历史的布达拉宫

历经朝代更迭的布达拉宫，不仅见证了西藏上千年的历史变迁，今天的布达拉宫，更是西藏地区与中央政府密切联系的历史见证。自二十世纪六十年代，中共中央就十分重视布达拉宫的保护与维修，1989 年，中央政府拨款开始对布达拉宫进行全面大规模的维修，历时数年，才有了如今的布达拉宫。今天的布达拉宫矗立红山之上，宫体主楼 13 层，高 115 米，占地面积达到 36 万平方米。布达拉宫依山就势而建，建筑布局等级森严、主次分明，其主体建筑包括红宫和白宫，附属建筑则由雪老城和龙潭湖构成。

红宫主要用于供奉灵塔和设置各种佛殿，同时也是进行各种宗教活动的场所；而白宫则用于达赖喇嘛及其随员生活起居以及政治活动。龙潭湖位于后山，雪老城则位于前山。雪老城曾是达赖喇嘛执政时期各个职能部门的办公所在地，还曾经是藏军司令部、监狱、铸币厂等所在地，现在的雪龙城有部分对外开放，设为藏宝阁，作为展现宫内所收藏

珍宝之用。这几座宫殿都盖满金光灿烂的镏金铜瓦，气势逼人。整个宫殿群以红、白两色为主色调，两种色彩相互冲击，显现出鲜明的藏式风格，宫殿外围墙的红色部分也是藏区独有的特色之一，该部分是由高原独有的"白玛草"在药水中浸泡之后制成的，冬暖夏凉，千年不腐，不仅可以减轻墙体的重量，而且可以抵挡外敌远程武器的进攻，充分体现了藏区人民的智慧和才能。

心灵的净土

当我们走进布达拉宫，马上就能感受到仿佛置身于心灵的净土一般，无论是殿里随处可见的酥油灯、飘满宫殿的藏香，还是曲折的走廊过道、窗户外远处的雪山，都能让人内心平静。布达拉宫内部装饰富丽堂皇，是佛教文化与藏式风格的完美结合。八座达赖喇嘛的灵塔构成了红宫的主体部分，而红宫的中心则是西有寂圆满大殿，达赖喇嘛坐床典礼与各种重要宗教活动都在这里举行。该座大殿庄严肃穆，用于伸展空间的立柱随处可见，所有的梁柱都是用绿松石、珊瑚、黄金和珍珠四种珍宝磨成的颜料作为底色，华丽的彩绘与雕刻布满整座大殿。

布达拉宫不仅是世界上海拔最高的宫殿，更是座文化、艺术和历史的博物馆。宫殿之中，珍藏着极为罕见的工艺品和历史文物，宫中50000多平方米的壁画就是其中之一。这些壁画描述和记载着西藏代代相传的人物传记、风俗民情、历史事件以及宗教故事，人物形象栩栩如生，色彩鲜艳，堪称一绝。

走进布达拉宫就像走进一座独特的艺术殿堂，殿内珍藏的壁画、珍品、唐卡、雕刻、医术造诣、金属炼制不仅体现出独一无二的雪域风情，更体现出藏族建筑艺术的伟大成就以及藏、汉、满、蒙各族能工巧匠的高超技艺。

大昭寺

　　说到拉萨，就不得不提到大昭寺。大昭寺始建于贞观二十一年，是松赞干布为纪念尺尊公主入藏而建的。元、明、清几代人修整和扩建后，大昭寺形成了如今的规模。今天的大昭寺不仅是藏传佛教的圣地，更是西藏地区最古老的一座仿唐式汉藏结合的木结构建筑。大昭寺历史悠久，民间流传着许多关于大昭寺的传说。其中最著名的传说是关于松赞干布的两位妻子尺尊公主和文成公主建议建造大昭寺的。传说在计算和勘察之后，两位公主一致认为整个西藏就像一个魔女，仰卧在大地上。药王山和红山组成了魔女的骨架，拉萨的一片湖泊则是魔女的心血。为了镇住这个"魔女"。她们认为必须在红山上建造一座王官，同时在湖上修建一座供奉释迦牟尼的庙宇。松赞干布同意了两位公主的建议，下令开始填湖修路，为修建王官和庙宇做准备。因为填湖工程实在是浩大，所以动用了成千上万的白山羊来运送泥土，因此大昭寺建成之初被称为"惹刹"（意为山羊驮土），以示对白山羊的纪念。这座建筑在清代也叫做"伊克昭庙"，直到公元9世纪才改为"大昭寺"。

学生：老师，吐蕃这个词是什么意思呢，来源于哪里呢？

老师：对于"吐蕃"这个词的来源和含义在学术界还没有确实的说法，有的认为是来自突厥语，有的则说是吐谷浑语，还有的说是来自藏语，众说纷纭。不过从敦煌出土的藏汉对照的词语文书来看，吐蕃一开始可能是苯教的意思，后来延伸到对地域和民族的称呼。

被称为"最老的明星"的奥比安酒庄

◎ 妈妈带智智去参加一个晚宴。

◎ 智智在晚宴上大快朵颐。

◎ 智智喝了些红酒，有点脸
  红了。

◎ 智智喝醉了，被妈妈背回家。

红酒之乡的酒庄

作为全球著名的时尚之都，法国让人印象深刻的东西实在太多了：普罗旺斯的薰衣草、埃菲尔铁塔，还有数不清的名牌香水和走在时尚前沿的服装，这些太过吸引人的目光，导致人们常常忘记某一部分，譬如说法国的红酒以及红酒酒庄。

法国作为世界知名的红酒之乡，拥有许多古老的酒庄，每个酒庄的背后都有它鲜为人知的历史，奥比安酒庄就是其中之一。大家一致认为，奥比安酒庄是法国最古老的酒庄，所以亲切地把它称为"最老的明星"。最早关于奥比安酒庄的记载始于 16 世纪，当时的它还只是一座普通庄园，并非我们现在看到的这样一座成熟的酿酒酒庄。1525 年，

酒庄的主人——礼邦市的一位市长将自己的宝贝女儿嫁给了旁蒂克家族，而该酒庄就成了嫁妆之一。就这样，奥比安酒庄成了旁蒂克家族的财产。之后，旁蒂克家族建造了奥比安城堡，并改造了整个酒庄，经过数代人的努力，酒庄的酿酒技术越来越成熟。到 19 世纪时，奥比安酒庄已经成为享有盛名的酒庄之一，该酒庄所出产的红酒不仅在当地大受欢迎，也得到全球红酒爱好者的追捧。如果要评定全球最受欢迎酒庄的话，奥比安酒庄一定榜上有名。

硕果仅存的酒庄

　　奥比安酒庄位于波尔多市近郊，刚进入酒庄，我们就可以看到成片的葡萄园以及鳞次栉比的建筑物。庄园的主人别出心裁地在酒庄内设置了一个影视厅，在这里，你可以看到关于该酒庄悠久历史的影像资料。同时，主人还极其用心地将修剪、收获葡萄以及酿造红酒等场景拍摄下来，供客人观看。

　　据人们猜测，几十年前，奥比安酒庄附近存在着大量的葡萄园，但随着时代的发展，其他的葡萄园都已经没落，只有奥比安酒庄存活了下来。

　　人们认为这与奥比安酒庄的地理位置有着莫大的联系，奥比安与波尔多市的距离最近，葡萄的成熟时间历来也是最早的，拥有优越地理位置的奥比安酒庄开始采集葡萄，成为所有酒庄的领头羊。

奥比安酒庄经历了几个世纪的风雨，见证了数百年的历史变迁，被称为"最老的明星"，绝对实至名归。

法国红酒六大产地

法国红酒世界闻名，法国不但是全世界酿造葡萄酒种类最多的国家，也出产无数闻名于世的高级葡萄酒，其口味种类极富变化。法国生产红酒的地区有六大生产地包括波尔多（Bordeaux）、勃艮第（Burgundy）、香槟（Champagne）以及阿尔萨斯、罗瓦河河谷（Loire Valley）、隆河谷地（Cotes du Phone）等。其中又以气候温和，土壤富含铁质的波尔多产地最具代表。

勃根地地区：本区约有一千八百处酒园，本区由南至北依序可再划分六个产区：莎布里（Chablis）、夜坡（Cotede Nuits）、邦内坡（Cote de Beaune）、莎隆内坡（Cote de Chalonnaise）、马孔内（Maconnais）、薄酒莱（Beaujolais）。

勃根地六区中最精华的一区乃夜坡与邦邦内坡所构成的『黄金坡』（Cote d'Or），前者以红酒著称，后者则以白酒为尊。该地区的沃恩·罗曼尼（Vosne－Romanee）酒村中的『罗曼尼·康帝』酒园（Domaine de La Romanee Conti, DRC）所酿产的『罗曼尼·康帝』（La Romanee Conti）位居红酒首席。

波尔多地区：仅仅以法国波尔多地区一地而言，酒园（堡）已超过九千多座。该地区的六大产酒区有：梅铎（Medoc）、柏美洛（Pomerol）、圣特美隆（St. Emilion）、格拉芙（Graves）、苏岱（Sauternes）、法国拉斯图尔酒庄（Lastours）。

隆河坡地区（Cotes du Rhone）或称隆河地区：与勃根地第、波尔多号称法国三大产酒区。整个隆河地区最珍贵的红酒，当首推罗帝坡区的杜克酒（La Turque）。

罗瓦河河谷：罗瓦河谷产区历史悠久，是法国最早的葡萄酒产地。考古表明，早在公元一世纪，随着罗马人征服高卢，罗马人就发现了罗瓦河谷两岸是种植葡萄的宝地，这里成为法国葡萄酒的发源地。100 多年后，葡萄种植才传到波尔多等地区。

公元十四世纪，罗马教廷纷争，教皇移居罗瓦河谷地区，在其首府阿维农居住，共有七位教皇在此历经百年，并先后修建了"教皇宫"和夏宫"教皇新堡"。

为了满足教廷所需，邻近的葡萄园不断改良葡萄品种和酿造技术，使罗瓦河谷产区的葡萄酒质量突飞猛进，产生了如"教皇新堡"Cha-teauneuf – du – Pape 这样的名酒。

小链接

喝红酒的好处

红酒中富含维生素、蛋白质和糖类，这些都是维持人体生命活动所必需的营养素。葡萄糖是人体维持生命的最基本的营养成功，能够为人体提供能量。另外，葡萄酒中还富含氨基酸，这也是人体不可或缺的。干红葡萄酒中还有维生素B、维生素E以及维生素B2等，以及丰富的钙、镁等多种矿物质。喝适量的葡萄酒，对身体有好处，但是要注意不能喝过量。

师生互动

学生：老师，法国的红酒有等级高低吗？

老师：法国法律将法国红酒分为4级：法定产区葡萄酒、优良地区餐酒、地区餐酒、日常餐酒。法定产区葡萄酒简称AOC，是法国葡萄酒最高级别。AOC在法文意思为"原产地控制命名"。优良地区餐酒简称VDQS，是普通地区餐酒向AOC级别过渡所必须经历的级别。

东方威尼斯——印度水上宫殿

◎爸爸带着智智去海边玩。

◎智智和爸爸在水里玩水。

◎夕阳落山了。

◎智智不想离开海边。

湖中的"独立王国"

　　乌代浦尔是印度拉贾斯坦邦的一个城市，因为该城中许多建筑物以白色大理石为原材料修建而成，因此被称为"白色之城"。乌代浦尔城内湖泊众多，是典型的水上城市，因此又被称为"东方威尼斯"。乌代浦尔城内众多湖泊之中，最引人注目的莫过于皮秋拉人工湖，该湖两岸宏伟的宫殿林立，中央还漂浮着一座无与伦比的白色水上宫殿，该宫殿前身是皇室成员居住的，人们称之为湖中宫殿。由于宫殿特殊的地理位置，从日出到日落，湖中宫殿的颜色不断变化，从乳白到黄到浅黄到亮白，再由亮白到浅黄、金黄、淡红，夜晚来临之后又恢复成纯净的乳白色，整个过程相当梦幻，是乌代浦尔不可或缺的一道风景线。

　　湖中宫殿始建于 1746 年，是皇帝 Maharana Jagat Singh II 的夏日行宫。由于该宫殿位于湖中央，与陆地完全隔绝开来，人们进出只能通过水上小艇，所以人们形象地将它比喻成独立的王国。今天，这座独特的水上行宫已经被印度奢侈饭店集团泰姬（Taj）集团租赁下来，并改造成世界知名的奢侈酒店——Taj Lake Palace 星级酒店。

　　酒店还设有具有印度皇室特色的后花园，在花园中，种植着数种珍稀花卉和绿色植物，幽静的小道蜿蜒其中，当人们于花园行走时，不由地感到身心愉悦。行宫还设有两间主餐室以及香熏中心，给客人提供顶级的饮食及香熏服务。众所周知，酒店的顶层是绝佳的观景台，能将整

个乌代普尔尽收眼底，当你立于顶层，就好像是立于圣湖中心，远处是连绵起伏的群山，对岸就是气势恢宏的城市宫殿群，不时有一叶轻舟划过脚底的湖泊，让人虽处于城市喧嚣之中，让人能感觉到闹中取静之美。

水上行宫

水上行宫高贵典雅，主体部分由坚固的花岗石和上好的大理石打造而成。整个行宫建筑群规模宏大，由四大部分组成，分别为中部的博物馆正殿、南边的桑伯胡尼瓦斯宫以及东西两侧的希瓦尼瓦斯宫和法特帕

喀什宫，如今东西两侧的宫殿已经被改造成酒店，南边的宫殿为现任皇族的居住，暂未对外开放。由东西两侧宫殿改造而来的酒店，倾注了设

计者与建造者全部的灵感和心血，不论是外观还是内饰，都极尽奢华，到处是精美的壁画和精致的装饰，走廊上悬挂着纯手工刺绣画，连浴室都装修得典雅唯美。该酒店共设有八十三间客房及套房，各个房间风格迥异，有的是方圆高雅的拱门拱窗，充满浓郁的印度风情，有的是水晶吊灯搭配银质的装饰品，展现出古典的西洋风格。

城市博物馆

　　城市博物馆屹立于圣湖边，与皇宫酒店遥相呼应。博物馆的前身也是皇宫，它的建造者是辛格王。该皇宫始建于 1599 年，经过二十二位

王公四百余年的不断修整与扩建，才形成如今的规模。该宫殿规模宏大，足以傲视整个拉贾斯坦邦的建筑。

皇宫在设计上也有一些有趣的小细节，参观该皇宫的游客都会注意到，宫殿内的门户及通道都相对狭窄，而这是特别设计的，主要是为了在敌军入侵时能起到缓兵的作用。宫内房间的装饰与建造风格各异，这也是为了满足各个王公不同的喜好而特意设计的，所以你会在该宫殿内看到豪华的大理石水池房间，也可以看到瑰丽的镜宫及玻璃宫。该宫殿保存完好，以前皇室用来欣赏歌舞的孔雀中庭被完好地保存了下来，四周墙壁之上仍然保留了孔雀图案的马赛克，到今天依然色彩鲜艳。

独特的湖光山色以及皇家级别的服务，让这座水上行宫酒店被喻为度假的天堂，并多次进入全球最奢华酒店前十名榜单。

小链接

印度地处亚洲南部，是四大文明古国之一。除了历史悠久，印度还是世界三大宗教之一——佛教的发源地。经过多年的历史发展，印度成为一个多元化的国家，人种和语言来自世界各地的都有，此外还有丰富多彩的城市建筑和文化遗产。首都新德里，6个联合属地和28个邦组成了整个印度。邦是行政区的名称，相当于我们国家的省，其中有个不得不提的邦就是拉贾斯坦邦。拉贾斯坦邦地处印度西北部，是皇城所在地，邦内的皇宫数量甚至比寺庙的数量还要多。从十四世纪的辛格王公在乌代浦尔建造皇宫开始，乌代浦尔就成为了皇宫的后花园。乌代浦尔是印度的文化重镇和历代的都城。乌代浦尔拥有一种独特的魅力，吸引了无数印度君王的目光。他们在城中修建了数不清的华丽宫殿和城堡，有的就在市井之中，有的则在山脚或山腰上，最特别的就是修建于皮丘拉湖中央的水上宫殿。

师生互动

学生：老师，那另外还有哪些酒店进入过全球最奢华酒店的前十榜单呢？

老师：有瑞士日内瓦的威尔逊总统酒店，纽约的四季酒店，意大利的卡拉迪霍尔佩酒店，意大利罗马的威斯汀精益酒店，东京的丽兹酒店，卡尔顿酒店，巴哈马的亚特兰蒂斯酒店，巴黎的凡登凯悦花园酒店，酋长宫殿酒店，阿拉伯塔酒店，还有迪拜的帆船酒店。

历代皇室的私人珍藏馆

◎暑假里，爸爸带智智去法国旅游。

◎爸爸带着智智去了卢浮宫。

◎智智在卢浮宫里四处转悠。

◎智智在卢浮宫门口留影。

从宫殿到档案馆

　　法国巴黎市中心塞纳河的右岸坐落着堪称世界最负盛名、最大、最古老的博物馆之一——卢浮宫。1204 年，卢浮宫开始动工建造，不断地扩建、修葺，共历时 800 多年。占地总面积 4500 公亩的卢浮宫，光宫殿的主体建筑就约有 480 公亩，680 米长。卢浮宫的整体建筑以建造时间为界可以分为路易十四时期的建筑和拿破仑时代的建筑，前面的我

们称为老的部分，后面的称为新的部分。由这两个部分组合而成卢浮宫具有特色的"U"字造型。"现代建筑的最后大师"贝聿铭为其设计了以玻璃为材料的"金"字塔形入口。作为法国王室行宫最久的卢浮宫，共有50多位法国国王和王后在此居住，许多世界知名的艺术家也在这留下生活、工作的足迹。

卢浮宫的功能从最初单纯的王室宫殿慢慢地变成国库及档案馆。1546年，在建筑师皮埃尔·莱斯柯的奉命改建下，卢浮宫极大程度上反映了文艺复兴时期的文化。卢浮宫的整体建设在经过很多王室的改建、扩建，并经历了法国大革命，终于在拿破仑三世时全部完工。

藏书和藏品特别多是卢浮宫的一大特点。这里有"贤王查理"建造的图书馆，这里也有弗朗索瓦一世收集的各种艺术品，卢浮宫的藏品在路易十三和路易十四时期达到了巅峰。路易十四去世前，卢浮宫已成为各类艺术品展览的圣地。

1793年8月10日，卢浮宫以博物馆的身份向世人开放。卢浮宫内藏品的又一次增加就是从这时开始的，其中不乏那些被拿破仑征服的国家的艺术珍品。

卢浮宫作为世界著名的艺术殿堂，其藏品从文明古国到中世纪再到现代，包括了艺术品、雕塑、绘画及王室珍玩等，共约40万件。在其

众多的藏品中，"爱神维纳斯"、"胜利女神妮卡"和"蒙娜丽莎"是其"镇宫三宝"。

镇宫三宝

维纳斯

由大理石雕刻，高 2.04 米的"断臂维纳斯"是一座代表着美的雕像。1820 年，人们在希腊爱琴海的米洛斯岛古墓遗址旁发现了一座半裸的身体，尽管她缺失了右臂的雕像，但她以她姣好的面容，匀称的身材以及独特的残缺美向世人展示女性独特的风韵，丝毫不因为他的缺点而被人叹息。

她一出现，就被法国政府买下展览于卢浮宫内，用她特有的美感引起了世界的关注，成为爱与美的象征，成为了一件不可多得的瑰宝。"断臂维纳斯"在人们的眼中是美的象征，是力量美的象征。现在的"断臂维纳斯"已经成为了闻名世界的珍宝。

胜利女神

古希腊雕塑杰作胜利女神像，她的身体上任何一个角落都散发出"胜利的美"，虽然她残缺了头部和手臂，却依旧能让人感到她给你带来的强烈地前进动力。

富有美感的丰腴的身体若隐若现地隐藏在薄薄的衣衫下，充满质感的裙子、精致的衣褶、流畅的线条，无不体现了雕刻者的超高水准，同时女神略倾的上身，展开的双翅，显示着女神向前冲的英姿，也向世人传递着胜利和凯旋的激情，这些都奠定了胜利女神像在全球雕塑界独一无二的地位，法国雕塑大师罗丹曾由衷地感叹："这简直是真的肌肉，抚摸她可以感到体温的！"

蒙娜丽莎

世界最为著名的肖像画名作当属现存的达·芬奇所画的蒙娜丽莎。这幅画是达·芬奇画作水平的最高成就。蒙娜丽莎以其独特的微笑，引发了人们各种各样的独特遐想。这幅画作主要描述的是资本主义发展时期城市当中雍容华贵的资产阶级妇女形象，这是一幅充满各种神秘的画作，达·芬奇运用独特的"空气透视"笔法画出了朦胧的山水背景图，营造出一种山水朦胧幽深的意境。

当你第一眼看到蒙娜丽莎这幅画像的时候，你就会觉得她的微笑别具一格，你从不同的角度会看到不同方式的微笑，不同的微笑所代表的意义却又不一样，所以蒙娜丽莎的微笑总是那么的神秘。达·芬奇运用

其高超的画技把蒙娜丽莎画得落落得体，美貌与智慧并存，使人第一眼
看到就会觉得这是一位拥有智慧的美妇人。

犹抱琵琶半遮面

虽然卢浮宫的馆藏很多，但是很多慕名而来的观众却难以酣畅淋漓
地观赏这里。因为每个周一和周三，它的 6 个展馆才会全部开放，周
二、周四、周五和周六轮流开放，周日只会开一半。除此之外，它所展

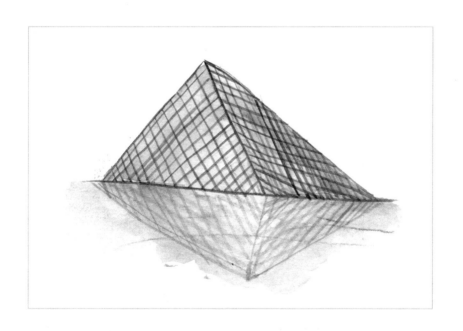

示的并不是所有的馆藏，而是其中的一部分。比如它的藏画多达 15000
件，但是展示给世人的不过 2000 多幅。所以，要说谁能有幸看到这所
有的展品，真是屈指可数。

被这些艺术珍品层层包围，不管是谁，都难以抑制地会陷入对历史
的沉思，这也是卢浮宫的魅力所在。

小链接

　　贝聿铭，美籍华人建筑师，1983 年，他获得了普利兹克奖，有着"现代建筑的最后大师"之美誉。1917 年，贝聿铭出生于广东省广州市。1935 年，贝聿铭去美国哈佛大学建筑系学习。他的老师是著名的斯洛皮乌斯和布鲁尔。贝聿铭作品以公共建筑、文教建筑为主，代表作品有美国华盛顿特区国家艺廊东厢、法国巴黎罗浮宫扩建工程。

师生互动

　　学生：老师，除了卢浮宫，贝聿铭还有什么作品呢？
　　老师：真正让贝聿铭声名远扬，跻身于世界级建筑大师行列的是对肯尼迪图书馆的设计和改造。另外，贝聿铭还有其他一些作品，比如，华盛顿国家艺术馆东馆，香山饭店，中银大厦，德国历史博物馆，美秀馆，苏州馆，伊斯兰馆，澳门馆，中国馆，摇滚音乐人堂等。

要倒不倒的比萨斜塔

◎ 智智和小美在玩摆积木的游戏。

◎ 智智搭的积木歪歪扭扭的。

◎ 智智把小美的积木推倒，小美大哭。

◎ 智智自己的积木也倒了，小美破涕为笑。

斜而不倒

1173 年，比萨斜塔在欧洲文化古国的意大利开始建造，由诺·皮萨诺，这位著名建筑师主要负责设计建造。开始建造时，比萨斜塔设计高度大致为 100 米，经过五六年的建设，人们发现塔身从三层就出现了倾斜，而且一直持续到完工。它作为比萨城的标志，位于罗马式大教堂

右后方。1990 年，意大利政府因为塔顶已经向南侧倾斜 3.5 米而停止
其开放，对该塔进行整改维修。不少相关专家实际研究比萨斜塔的全部
历史，同时运用精良仪器设备仔细研究了塔的结构、地质建筑材料、水
源等不同方面。皮洛迪教授——一位比萨当地史学家——研究后认为，
现在我们基本弄清楚了比萨斜塔为何斜而不倒。他表示，每一块建造塔
身的石砖，都是一件艺术品，工匠们用了巧妙的技术进行相互间黏合，
基本上防止因倾斜引起的断裂。

　　比萨人当然是最关注斜塔的命运，他们有这样一句俗话，比萨塔像
和比萨人一样健壮，永久不会倒下去。所以，让他们最为疾恶如仇的是
那些把斜塔从头纠正竖直的主张。即使他们也对斜塔的歪斜感到忧虑，
但更多的是骄傲和自豪，为一个被认为世界闻名的斜塔矗立在自己的家

乡而感到自豪。1934 年，意大利政府在地基及附近喷入 90 吨水泥，进行了保护性工作，然而塔身更加不稳定，斜得更加迅速。

大教堂和斜塔可以形成视觉连续性。现在，大家已经清楚地明白，现实并非这样。1173 年 8 月 9 日比萨大教堂的钟楼开始设计时的描绘是笔直竖立的，它白色的亮光是中世纪最独特的建筑物，就算后来没有发生歪斜，同样将会是欧洲最值得瞩目的钟楼之一。但是，钟楼兴修到第 4 层时发现钟楼倾向东南方向，由于地基不均匀和土层松软致使施工暂停。1198 年的时候，已经悬挂了一个撞钟，钟楼尽管歪斜，不过达成了它作为钟楼的初衷。1231 年，工程持续，缔造者第一次使用了大理石经管，各种办法批改歪斜，将钟楼上层搭建成反方向的歪斜，等等，但是仍然没有效果。兴建到第 7 层时，塔身呈凹形，施工被迫再次暂停。

比萨斜塔的建筑风格

比萨斜塔无疑是修建史上的一座重要的里程碑。在比萨斜塔歪斜之前，它向世人展示了它的独创性，那就是大胆的圆形建筑设计。类似的设计也能够在翁布里、拉文纳亚和托斯卡纳等人更早时代的意大利钟楼设计中找到，圆形的设计在当时也可以称得上是比较常见。可是，令人耳目一新的是这些原型不尽相同的比萨钟楼设计模式。比萨斜塔在更大程度上，通过独立描绘和对前人修建的圆形建筑的学习基础上，加以修正和创新，形成了独有的文化。

为什么说大教堂、洗礼堂和钟楼之间构成了视觉上的连续性？钟楼与广场上对圆形布局在很大层面上是相统一的，特别是在圆形雄伟的洗礼堂奠基之后，耶路撒冷复生教堂的现代版别在整个广场栩栩如生地展现了出来，这种设计手法来源于对古代建筑的吸收学习。另外我们看到，钟楼的圆形设计有意无意地仿照教堂半圆形后殿的曲线描绘，因而

被认为是为了同一旁的大教堂修建构成反射而相对应。洗礼堂和大教堂的经典风格在钟楼得到了承继，半露拱廊中的大门、长菱形的花格平顶、方柱形的经过雕琢的拱门以及因面临阳光的照耀构成亮光面和遮荫面的激烈反差的拱廊上方的墙，给人以钟楼内的圆柱适当沉重的假象，而大理石或石灰石在墙面上形成了深浅两种白色带。

伽利略与比萨斜塔

1590 年，伟大的意大利物理学家伽利略出生在比萨城，传说曾在比萨斜塔上进行过自由落体实验，发现了自由落体定律，实验的内容是将两个重量不同的球体从相同的高度同时扔下，此前亚里士多德认为重的物体会先到达地面。结果两个铅球几乎同时落地，由此推翻了他的结论，并得出了落体的速度同它的质量成正比的全新观点。当然，有人会怀疑为什么鹅毛和铅球不会一起落下，那是由于受到空气阻力，自由落

体的观点受到了空气阻力的限制。因此当时伽利略的两个球体并非一起落下，如果在重力加速度不变的条件下，两个球体由于受到空气阻力的不同影响，是不会一起落下的。但是我们认为伽利略的实验理论是正确的，因为在现代的真空实验中，无论多重的物体，都遵循自由落体定律。

小链接

比萨斜塔

人们过去很长时间里都认为钟楼是专门设计成倾斜的样子，但是现在我们已经弄清了事实的原委，知道了事实是一个

巧合，而非专门设计成这样的。它作为比萨大教堂的钟楼，最初的设计其实是垂直竖立的，而在1173年也是根据这个理念来建造的，原来的设计有8层楼，高54.8米，钟楼算得上是一座独特的、白色闪光的带有中世纪风格的建筑物，就算后来没有被倾斜，它也会成为欧洲最值得关注的钟楼之一。

但在1185年，当钟楼建到第4层时，因为发现土层松软、地基不均匀和，所以此时的钟楼已经开始倾斜，而且是偏向东南方，进而导致了工程暂停。史料记载在1198年，第一次在这个钟楼内有撞钟，这个记载也标志着钟楼虽然不再是垂直竖立的，但它仍然悬挂了一个撞钟，也算是完成了它作为钟楼的使命。

师生互动

学生：老师，比萨斜塔倾斜的原因是什么呢？

老师：比萨斜塔之所以会倾斜，是由于它地基下面土层的特殊性造成的。地质学家在对地基土层成分观测后得出结论，比萨斜塔下有好几层不同材质的土层，有非常软的黏土和各种软质粉土的沉淀物相间而成的土层，在深约一米的地方还发现了地下水层。而最新的挖掘则表明，由于钟楼建造地曾是古代的海岸边缘，因此土质在建造时便已经沙化而至下沉了。

梦幻迪斯尼城堡的原型

◎爸爸给智智买了一个米老鼠。

◎智智把它抱在怀里，爱不释手。

◎爸爸给智智讲述迪斯尼的故事。

◎智智想带着米老鼠去迪斯尼城堡。

童话世界里的建筑

在德国巴伐利亚福森市矗立着一座特别的宫殿，这座宫殿美轮美奂，名唤新天鹅堡。它位于德国东南和奥地利的边界附近，在隶属于阿尔卑斯山脉的一个近千米高的山顶上俯视着下面的一切，诸多卡通动画以及动漫游戏中的场景都以这座宫殿为模板。比如《圣斗士星矢》冥界篇中潘多拉的哈迪斯城，又比如名侦探柯南剧场版三《世纪末的魔术师》中的德式城堡，当然还有《宠物小精灵电影版：梦幻与波导的勇者》中的建筑，就连开心网中的"买房子"游戏也根据这个城堡配置了"威廉古堡"。

新天鹅堡是巴伐利亚国王路德维希二世的行宫之一。在1869年，他让建筑师根据中世纪德国骑士城堡的风格构筑行宫。他父亲早年就提出建设城堡，而在他与弟弟游历过瓦尔特堡之后，他绘出了新天鹅堡的蓝图。选址在巴伐利亚福森市，是因为这儿曾经是天鹅城堡的旧址。这里就和童话世界一模一样，宽广的原始森林，神秘的一望过去全是绿色的山坡，常年白雪皑皑的阿尔卑斯山，湛蓝深邃的湖泊，还有空气里飘散着的关于魔法、国王和骑士的传说所附带的神秘气息。国王路德维希二世喜欢歌剧和舞台剧，自己也曾创作不少歌颂善良，战胜邪恶的作品。所以他希望这个童话世界能让他远离政治斗争，享受安逸与幸福。可是他的愿望却没能实现。他离世后城堡才完工，而且六周后城堡就对外开放了。

这座城堡一开始是用普通砖建成的，后来又用其他石材在外部进行了装潢。城堡把来自于德国巴登－符腾堡州的砂层方石用在建筑大门和悬楼上，把来自于奥地利阿尔卑斯山脉的大理石用在建筑窗、穹弓、柱和祈祷堂上。天鹅骑士的传说是这个城堡名称的由来。城堡里面的自来水水龙头，日常用品，以及壁画都是天鹅的形状，当然还有许多精致的天鹅雕塑。

天鹅堡的"内部构造"

城堡的大门是典型的罗马式建筑，入口、窗户和列柱廊全都是半圆头拱的。而在二楼的红色回廊更加漂亮，是城堡的标志之一。回廊里铺着红色的地毯，地毯上放着一尊后人铸造的国王雕像，以供每个旅客瞻仰这位城堡的建造者。回廊旁是五间仆人房，房内摆放着整套的橡木家

具，彰显国王对仆人和随从的细致照顾。出于安全考虑，城堡建了高的楼层，而国王的起居室被安排在四楼。因这儿的高度在武器射程之外，所以中世纪的国王都在高处生活起居。国王的起居室里有木制的床盖，歌德式的精致雕刻，还有顶棚和壁板上的雕刻工程。这些花了14位雕刻家4年的时光，他们夜以继日地工作，才得以完成。居室采用代表巴伐利亚王族的深蓝色的布料，再加上金色的刺绣作为窗帘、床罩还有椅背，浪漫又不失高贵，是国王十分钟爱的。国王的寝室则是城堡一角的一座哥特式建筑，室内的壁画以中世纪传说人物为题材，与起居室相映衬。位于起居室和勤务室中间的是一个人工钟乳石洞，这参照的是汤霍瑟传说中的爱神维纳斯的洞窟。洞里不仅有瀑布和水池，还有当时最先进的电灯和回转式的彩色玻璃，以及未完成的梦幻式照明。

梦幻世界

国王的宫殿即王位厅铺的是像地球形状的椭圆形的马赛克地板，地板上绘有巴伐利亚的动植物的图案。工匠们花了两年时间才将200万块小马赛克组合成如今的地板。宫殿的圆顶象征天空，顶上有与太阳同向移动的星星，有黄金色的黄铜板制造而成的枝状灯架。灯架仿佛是一个皇冠，悬挂在天地之间，如同国王的地位。

灯架上镶嵌着玻璃石头和象牙制的仿制品，足够点96支蜡烛。王位厅的栋梁分为两部分，上面涂着青金色的灰泥，而下面是由紫色灰泥模仿做成的斑岩。本来，这个宫殿是作为设置王位的地方，可是由于国王路德维希二世在城堡完成前就离世了，因而厅中并没有国王的宝座，只有空荡荡的大理石石阶。还有不得不提的是城堡的另一个特色——歌手厅。歌手厅参照的是瓦特堡的宴会厅，瓦特堡是歌手比赛的重要场所。国王喜欢歌剧，对威廉·理查德·瓦格纳的歌剧更是印象深刻。他的作品激起了国王对梦想的追求，希望有个空间能帮助自己实现愿望。建筑师根据这一点，在行宫建造了比瓦特堡更豪华的宴会厅和歌手厅。歌手厅外的长廊以及厅内的油画，都是围绕理查德·瓦格纳的歌剧《巴西法尔的英雄传奇》这一主题绘制的。

当初设想新天鹅堡就是要与自然相融合，因为城堡的对面就是国王童年时期的夏宫——旧天鹅岩城堡。这里的高山、森林、绿地、湖水将国王塑造成为追求艺术和浪漫的人。美丽动人的富有乡野气息的巴伐利亚在王位厅的窗里固定成隽永的画作。阿尔卑斯湖与小天河湖在其左右静静凝视，而阿尔卑斯山则在后方坐镇。湖水，群山带给城堡四季转换的风景，美丽动人，宁静，清雅，仿佛一个梦幻的世界。

小链接

　　迪斯尼乐园于 1955 年开幕，此后，在美国和海外又陆续开了 5 家分布在 4 个国家和地区的迪斯尼主题公园。2005 年 9 月 12 日，香港迪斯尼乐园成为中国第一座迪斯尼主题公园，而迪斯尼公司已落实计划在中国上海川沙镇建设另一个主题公园，但是名称或许不再以"迪斯尼"命名。截止 2010 年 3 月，美国加利福尼亚州、佛罗里达州、法国巴黎、上海、日本东京和香港 6 处地方建有迪斯尼乐园。

　　资格最老的是加州的洛杉矶迪斯尼乐园，建成于 1955 年。1971 年，耗时十年的佛罗里达州迪斯尼建成；1983 年，东京迪斯尼乐园建成（2001 年，扩建的海上乐园完成，耗资 3380 亿日元）；1992 年，巴黎迪斯尼乐园建成，耗资 440 亿美元。

师生互动

　　学生：老师，各个迪斯尼乐园有什么不同之处呢？

　　老师：在五大乐园中，香港迪斯尼乐园最小，只有 126 公顷，仅为佛罗里达州的百分之一；位于美国佛罗里达州奥兰多的迪斯尼面积有 12228 公顷，是所有迪斯尼乐园中面积最大的。它不仅面积大，而且主题乐园最多、可玩的项目也最多，有四个主题乐园，分别是"魔幻影城"、"科幻天地"、"动物王国"、和"梦幻世界"，这四个乐园任意一个都比香港迪斯尼大。不仅如此，它还有两个水上乐园呢。我想你至少需要 5 天才能将所有的乐园玩一遍。而东京迪斯尼面积有 201 公顷，有两个主题乐园："迪斯尼乐园"和"迪斯尼海上乐园"。

葡萄山上的秘密花园，德国无忧宫

◎智智和妈妈在看喷泉。

◎喷泉停止喷水，智智跑到喷泉
下面。

◎喷泉突然又喷起水，智智被淋
成落汤鸡。

◎妈妈看着智智哈哈大笑。

妈妈，喷泉好漂亮啊。

富丽堂皇的无忧宫

无忧宫是18世纪的普鲁士国王腓特烈二世命人仿造法国的凡尔赛宫建造的，是一座德意志王宫和园林。无忧宫的名字起源于法文，翻译成"无忧"或"莫愁"。这个宫殿还有一个昵称"沙丘上的宫殿"，这源于宫殿坐落在沙丘上。

无忧宫的正殿是一个圆形大厅，顶部是半圆球形的。宫殿的两边是

长条形的锥脊建筑。宫内的装修极富想象力，发挥了设计师的无限灵感，镶金的四壁光彩熠熠，妙趣横生。室内有许多的壁画和明镜，将大厅照映的富丽堂皇，光彩夺目。

宫殿前的两侧和周围种满了苍翠欲滴的丛林，将6级弓形台阶包围在其中。正对大殿的门廊里有一个喷泉，喷泉是用圆形的花瓣石雕筑成的。四个表示"水"、"火"、"土"、"气"的圆形花坛陪衬在喷泉的周围。每个花坛内还有精美的雕像，其中有维纳斯像、水星神像等造型，栩栩如生。另外，还有一条珍藏着124幅名画的画廊在宫殿内部的东侧等着人欣赏。

画作基本都是文艺复兴时期意大利和荷兰画家的名作。无忧宫可说是18世纪德国的建筑艺术之精华，当时施工工程长达50年。即使经过战争洗礼，岁月沉淀，无忧宫也没有受到炮火和时间的摧残，仍保存完好地矗立着。

从沙漠到宫殿

宫殿所在的山一开始只是一个种有橡树的小山丘。后来在腓特烈·威廉一世时期，这些橡树被砍掉拿去加固波茨坦市的沼泽地带，以至于这里变成了荒芜的"沙漠之山"。这样的景色让腓特烈大帝不舒服，于是他下令将此山开垦，建立葡萄梯形露台。他期望的是让自己的私密居住宫殿能在山顶上矗立，与大自然无限接近，与环境融为一体，和谐地

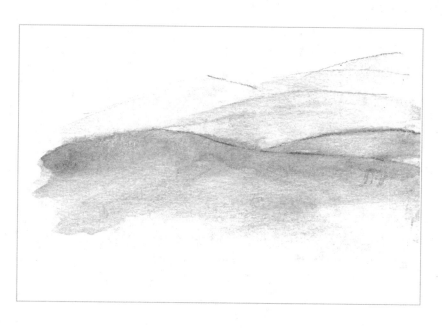

相处。因而，他把普通的葡萄藤作为葡萄山梯形露台的天然饰品，围绕在他的小巧精美的宫殿周围。在腓特烈大帝的眼里，夏天是这里最美好的季节，山顶上凉风习习，山下诗情画意，绿意盎然，无边的美景就在他的眼里。宫殿里的装饰是根据他的个人才艺和兴趣爱好设计的，因而宫殿是一个完全属于他的私密空间。山上还有一座代表田园风情的风

车，这也是腓特烈大帝的情趣所在。因而，无忧宫被称为伯恩施泰德南侧的梯形葡萄山上的秘密花园。

根据腓特烈大帝的设想，建筑师乔治·温彻斯劳斯·冯·克诺伯斯多夫绘制了设计图并完成了建筑任务。不过在设计过程中也出现了分歧。起初，克诺伯斯多夫绘制的是一个高高的带有地基和地下室的豪华宫殿，但腓特烈大帝表示自己并不想要一个让世人惊叹的雄壮的宫殿，而是一个隐秘的，洛可可风格的私人花园。这个小花园以山为基座，从宫殿到通往花园的露台仅需几步。这样他就能轻易地和大自然融为一体，呼吸新鲜空气。因此，腓特烈大帝决定亲力亲为，从行政到艺术装饰，他都指导建筑师和工人根据他的想法来做。并且施工必须得到他的授权才能开始。他也会去到现场监工，确定每个细节。因为腓特烈大帝个性专横，所有细节都不能和他的设想有出入，因而克诺伯斯多夫的设计能力与建筑风格并没有在这个建筑上展现出来。

无妇宫

历时两年的建筑施工，无忧宫终于完成了。除了战争时期，每年的四月底到十月初一腓特烈大帝都会来这里居住。不过他规定除了他本人外，只有他认可的男宾才能住在这里。因他的这个癖好，他的夫人也被排除在这个宫殿之外，单独居住在他赐予的美丽堡内。他们并不生活在一起，只在重要场合才会一起出现，因而无忧宫还有一个别称，叫做"无妇宫"。

各种文化都能引起腓特烈大帝的兴趣，古代的中国文化也是如此。由于对中国充满好奇和向往，他在无忧宫的一侧建筑了一座"中国楼"。这是一个金碧辉煌的亭楼，虽然不是高大雄伟，但亭楼的外壁全是用镀金打造的。亭楼周围的各种亚洲形态的人物雕像也是用同样的材质。"中国楼"的顶部是一个想象的猴王形象的雕像，这个形象可能是

根据吴承恩的《西游记》来设计的。"中国楼"内还陈设着象征东方世界的丝绸和瓷器等多种东方特色的物品，表示东方有多么的奢华。其实，"中国楼"并不是中式建筑，布置上还带有浓厚的欧洲特色。由于交流有限，东西方并不相互了解，腓特烈大帝也没有离开过欧洲，因而所谓的"中国楼"只是他眼中的中国的样子。那些雕塑也是如此，看似按照"东方人"的形态塑造的，其实只是和中国的形似，细看还是有着欧洲人的影子。

小链接

　　德国四季分明、空气湿润，地处大西洋和东部大陆性气候之间的凉爽西风带。准备华北的适用服装就可以到德国旅行了。德国夏季的白天很热，平均气温在18～20度之间，晚上较凉，需要带上毛衣；冬季平均温度在 15～6 度之间，北部气候比南部还要温暖。除了上莱茵河谷、上拜恩和哈尔茨山区之外，德国全年都有降水。这三个地区中，上莱茵河谷更加温暖潮湿；从阿尔卑斯山吹来的燥热风经常吹拂上拜恩；哈尔茨山区则是夏凉冬雪，有刺骨的山风。

德国人很重视历史文化，尤其是餐饮文化。很多游客来到德国大部分是因为被德国的啤酒和香肠吸引过来的。提到德国，人们首先联想到的就是纯正啤酒，德国啤酒至少有 4000 种不同的牌子，种类繁多。德国法令对于啤酒纯度的要求做了严格的规定，因而德国啤酒的纯度完全能达到游客的希望，因而叫人放心。不同种类，不同牌子的啤酒有不同的口味。香肠和啤酒一样，在德国有重要地位。德国的香肠使用的材料单一，但配搭却千奇百怪，不同形式都有，而且分量十足，叫人馋涎不已。

师生互动

学生：老师，除了无忧宫，德国还有哪些地方属于标志性建筑？

老师：如果要说标志性建筑，当仁不让的就是科隆教堂。在科隆中央火车站，下了火车走出来，科隆教堂就会出现在你眼前，第一眼你就会爱上科隆教堂。而此时莱茵河就在身后静静地流淌着。此外还有柏林奥林匹克体育场、马克思广场、亚历山大广场、慕尼黑奥运场馆和勃兰登堡门等。

缩小版的北京故宫——越南顺化皇宫

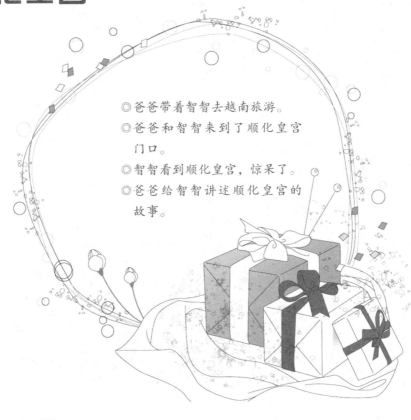

◎爸爸带着智智去越南旅游。

◎爸爸和智智来到了顺化皇宫门口。

◎智智看到顺化皇宫，惊呆了。

◎爸爸给智智讲述顺化皇宫的故事。

故宫的"翻版"

顺化紫禁城是越南最后一个王朝——阮朝皇宫，它于 1687 年奠定锥形，1802 年建成，自建成那天到 1945 年是阮朝最没落的时期，在这 143 年期间，一直承担着皇家居所的重任。这座皇宫四周环绕着护城河，并且以北京紫禁城为模板进行建造。

皇宫的城门共有四道，前道是午门，后道是平门，左道是显仁门，右道是彰德门。午门与故宫午门如出一辙，同样设有双阙，但是没有故宫的长，被称为顺化城的正门。从平面的角度看，午门高 5.32 米，宽 3.28 米，成门形，门正上方写着"午门"两个大字，下方设有由 5 个门构成的砖石墩台，其正面是用垛墙围合的。"午门"这两个字最初的

时候是以金包裹装饰的，但是包金在 1943 年 12 月 10 日就已经被偷了。墩台上的 5 座城楼，气势巍峨，被称为五凤楼。皇宫的这四个门当中，也就只有午门建设了城楼。午门始建于 1833 年，在 1921 年的时候被重新修整了，以前被称为南阙台。战争的时候，已经被炮击坏了，不过现在已经修复好了。封建时期，举行重要庆典的时候，众臣将下跪接驾皇帝，只有在这样的时候午门才会开放。1945 年 8 月 30 日，午门见证了越南封建制度最终废除，宝剑和玉玺这个皇权的象征也由君王保大帝的

手里交到了临时政府代表团团长陈辉燎的手上，同时也见证了阮氏王朝被埋葬的过程。但是这些政府部门都设在了紫禁城南门外，有国子监、软天监、史部、户部、礼部、刑部、兵部，还有统率中、前、后、左、右五军的都统府。

越南的"紫禁城"

太和殿是君王用来召见文武百官的，勤政殿是用来处理政务的，这两个殿被称为前殿，而乾成殿是皇帝的寝居，昆泰殿是皇后的住所，光明殿里居住的是皇太子，顺辉院是后妃的居所，以及端顺院、端和院、端详院等5处院落居住的是嫔妃们，这些被称为后殿，紫禁城是由前殿和后殿组成的。除了这些之外，御膳房、御医院和侍卫房都在后殿。越美顺化战争发生在1968年，此次战争造成皇城内的多处建筑受到破坏，破坏的程度大小不一，幸运的是现在都已经重建好了。

皇帝召见臣子的太和殿是整个皇城最大的建筑，位于正门午门的后面。它在1805年开始建设，迄今为止已经整修过两次了：一次是在1824年进行的重新整修，另一次是本世纪初期进行的一次大型的修缮。太和殿除了保持了越南本土的韵味之外，还是依循中国传统的建筑风格进行建造的。太和殿的门外设有以一排柱子作为支撑的雨檐。铁木是越南土生土长的，由于森林的砍伐，铁木变得非常的稀少，而大殿的这些柱子却都是铁木材质的。太和殿横梁上画有四季风景、圣兽和花鸟，并且太和殿的柱子都是以色彩鲜艳的红色和金色涂饰的。品阶石是由清化石砌成的，位于太和殿前面，它是由两级组成的，文武百官站立的位置是按品阶站立的——站在上面一级的都是三品以上的官员，站在下面一级的是四品至九品的官员。太和殿的两侧设有祭祀历代君王的宫殿和庙宇（太庙、兆庙、世庙、兴庙、奉庙等）。

　　整个紫禁城是越南现存最大而且最为完整的古建筑群，宫殿建筑壮观无比，而且都被保留了下来，是非常难得的。

中国对越南的影响

　　说到越南，不得不说中国对越南的影响。在越南，有许多中国的影子，是中国的外化民。中国文化对越南的影响主要体现在文字发展、文化传统、生活习俗等方面。

　　无论在言语、文化以及风土、农业和海产上越南都与中国南方相近，在历史上尤其是中国南方人不断地迁居越南，越南也接纳了不少广东、云南和客家人的饮食传统，对中国饮食文化在越南的传播产生了重要的影响。

小链接

　　越南传统节日与中国相同，主要有端午、重阳、中秋、春节、清明等，其中春节是最盛大的节日。越南人们注重文明礼节，见面时会点头致意或行握手礼，又或按法式礼节相互拥抱，民风淳朴。居民多以兄弟姐妹相称。中国文化对越南产生了很深远的影响，因而越南人多数信奉佛教。佛教自东汉末年传入越南，而被尊为国教则是在10世纪之后。越南全国约有2000万佛教徒。另外还有大约300多万的天主教徒，这些人大多居于南方。越南人家里一般都设有供桌、香案，平日里用来供奉祖先。逢年过节再用来祭拜城隍、财神等神佛。越南人的服饰简单，正式场合男士着西装，女士着民族式"长衫"（类似旗袍）和长裤。他们的饮食习惯与我国广东、广西和云南一些民族相似，喜吃清淡、冷酸辣食物。越南人认为三是个不好的数字，三人合影，用一根火柴或打火机连续给三个人点烟，都被认为是不吉利的，需要避讳的。他们也不愿让人摸头顶，席地而坐时也不能把脚对着人。

学生：老师，越南的顺化王宫是否也和故宫一样，被列为文化遗产了？

老师：是的，顺化是越南阮朝各代皇帝建都之地，和我国的六朝古都一样。至今还有数以百计的历史文化古迹分布在顺化城中。其中，阮朝各代皇帝的陵寝、宫殿、亭台楼阁等建筑群最为突出，最有游览价值。主要的旅游胜地有：顺化的皇陵、明命皇陵、启定皇陵、船游香江、天姆寺、嗣德皇陵等。顺化皇城作为越南顺化故宫，也是最后一个皇朝阮朝的皇城，被联合国教科文组织册定为"世界文化遗产"。迄今为止，那里还是越南现存最大和较完整的古建筑群。

古根海姆博物馆

◎智智和小朋友们在用沙子垒城堡。

◎沙堡垒好了，该起个什么名字呢？

◎其他小朋友提出了别的名字。

◎大家争论不休，不小心把城堡压塌了。

奇特的外形

毕尔巴鄂市因丰富的铁矿和完善的港口设施两度兴盛，在 20 世纪 90 年代逐渐走向衰落，因此政府希望通过发展旅游业使毕尔巴鄂市再度兴盛，最终政府与纽约古根海姆基金会开展合作，并在当地建立古根海姆博物馆。1997 年，古根海姆博物馆落成于毕尔巴鄂市，作为欧洲历史上最重要的艺术博物馆之一，一度被世人称为"世界上最美丽的博物馆"、"近现代建筑界奇迹"。

古根海姆博物馆的建筑外形十分新奇，整体给人的感觉是一位巨人用多块外形不同的几何体随意堆放而成，在博物馆的外墙上采用了质地对比鲜明的石灰岩、钢材和玻璃，在特殊部位采用钛金属，让观光者能很容易就会联想到毕尔巴鄂历史悠久的造船工业。

博物馆北面邻水，因此在设计的时候将三层展厅设计成横向波动性，以此和流动的河水相互呼应。在室内设计上巧妙地处理了不同曲面角度，营造出一种光影效果，让参观者体会到光影交加的新奇世界。

博物馆的主要入口位于其南侧，博物馆设计者将部分建筑与高架桥巧妙穿插，连接高架桥另一面的高塔，形成一幅两只大手环抱高架桥的优美图画。

设计师盖里将入口中庭处用层叠起伏的曲面吸收太阳光，用令人炫目的光影打破传统的设计，完美地达到了"将帽子扔向空中的一声欢呼"的效果。

在博物馆周围看似随意的摆放着各种艺术作品，有铜蜘蛛、大狗等，可爱又不失特色的外表为博物馆增添许多艺术气息。

看到这里，也许你们要问了，那这个美术馆是谁建立的呢？这个人就是所罗门·R·古根汉姆。所罗门·R·古根汉姆于19世纪出生于美国，他的家族非常有影响力。

生在在这样的家庭里，耳濡目染，他生长于博爱和审美的传统。长大之后，他非常热衷于赞助艺术，还将很多古代大师的作品积累到一起。1927年的时候，所罗门·R·古根汉姆偶遇了一位年轻的德国贵族女子，由此，他的收藏方向发生了极大的变化。

朴实的博物馆

在得知美术馆是由所罗门·R·古根汉姆建立的之后，你是否会认为享有美誉的古根海姆博物馆会十分奢华呢？其实博物馆走的是朴实路线，纯白色的混凝土覆盖在平滑的外墙上，让博物馆仿佛变成一座充满艺术特色的雕像。

博物馆建筑群大多采用螺旋上升的设计理念，用斜线和曲线打造起6层的唯美形体。美术馆分为一个6层的陈列厅和一个4层的行政办公楼。陈列厅是一个高约30米的倒立螺旋建筑物，大厅顶部用玻璃营造出一朵盛开的鲜花的意境，四周是逐渐盘旋的眺台，地平线以3%的坡度徐徐上升。

参观者在观赏时先乘坐电梯到达最顶层，然后沿着共长430米的坡道顺势而下进行参观。

陈列品依次摆放在坡道周边的墙壁上，参观者在不知不觉中走完6层的坡道，也欣赏完全部的展品，这种先上后下的方式打破了传统的秩序，使初次参观陈列厅的参观者有耳目一新的感觉。

古根海姆博物馆保存着大量所罗门·R·古根海姆的现代艺术品，设计者打破了传统的惯例，将许多展品用金属杆悬挂在空中，让参观者仿佛置身于悬空城之中。

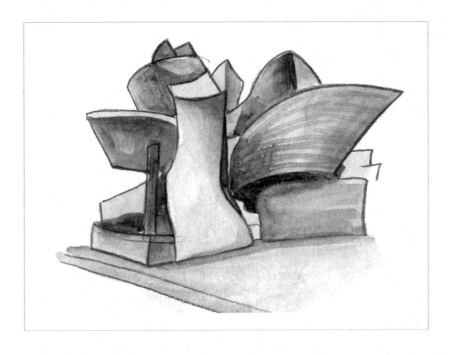

博物馆的建筑体现着了解构主义的建筑风格，有专家表示，了解构主义的建筑风格以"刺激性的不可预测性和可控的混乱"闻名。只有在先进的设计技术的辅助下，才能建立起这样复杂的建筑物，仅仅是曲面设计上，设计者盖里就用到了本是为航天工业开发服务的计算机3D设计软件。

展品

博物馆占地总面积达到 24000 平方米，展览面积达到 11000 平方米，大体上分为 19 个展厅，展品大多来自于古根海姆基金会的收藏，其中 20 世纪的现代派作品占绝大部分，在形式上囊括了摄影、绘画、雕塑等多门艺术类别。

博物馆的一楼是一条长 130 米、宽 30 米的画廊，这样的设计也使之成为世界上最大的画廊之一，主要展出的是一组用钢板弯曲而成的装置艺术品。

二楼展出的是一组黑白底色的现代世界史，大到各种重大历史事件，小到世界各地人物风光。

三楼展出的主要是非洲艺术品。

小链接

古根海姆博物馆是一类博物馆的总称，隶属于所罗门·R·古根海姆（Solomon R. Guggenheim）基金会旗下。它不仅是世界上最著名的私人现代艺术博物馆之一，同时也是世界性的以连锁方式经营的私人艺术场馆。古根海姆基金会组建于1937年，作为博物馆界的后起之秀，现今已经发展为全球首屈一指的文化投资集团，在其名下诸多博物馆中最具美誉的是位西班牙毕尔巴鄂的古根海姆博物馆和位于美国纽约的古根海姆博物馆。

师生互动

学生：老师，古根海姆博物馆除了在西班牙有分馆，还有哪里有呢？

老师：古根海姆博物馆总部设在美国的纽约，另外还有位于意大利威尼斯、德国柏林、美国拉斯维加斯、立陶宛和香港的分馆。所以，就算没有机会去西班牙亲眼看到这个博物馆，也可以在意大利、德国等国看到它。

酷似黄瓜的圣玛利艾克斯 30 号大楼

◎智智躺在沙发上看电视。

◎智智让妈妈给自己洗点水果吃。

◎妈妈递给智智一根黄瓜。

◎智智满脸不高兴的样子。

不能吃的"小黄瓜"

在我们的印象中，黄瓜只是一种普通植物，它最大的功能就是用来做食物，一些爱美的女性也会把它用来敷脸美容。但是你们知道吗？在伦敦金融城有一栋造型独特的建筑物，被当地人戏称为"小黄瓜"（The Gherkin），而且这个"小黄瓜"常常是吸引了众多的游客特意过来欣赏它。那么，这个"小黄瓜"是用来做什么的呢？

　　所谓不能吃的"小黄瓜"原来是瑞士再保险的总部大楼，直到
2007 年改称为圣玛利艾克斯 30 号大楼（30 St Mary Axe）。这座耸立在
市中心且高达 180 米的办公楼一度成为英国最贵、最奢侈的办公楼。作
为伦敦的第一幢摩天楼，"小黄瓜"在 2004 年 5 月正式开业之后便改变
了伦敦原有的天际线。来自世界各地的游客不论是身处伦敦塔中，还是
身处英格兰银行博物馆外，都能看到"小黄瓜"的身影出现在自己的
眼眸中。"小黄瓜"底层有两层商场，顶楼两层是娱乐俱乐部和 360 度
旋转的餐厅，中间部分是各类不对外开放的办公室，在楼前广场还建有
供人们娱乐休闲的酒吧和餐厅。每层的直径随着大厦的曲度而做改变，
越到顶楼直径收得越窄。"小黄瓜"算得上是一座杰出的建筑物，不但
有着优雅的外形，而且建筑讲究将科技与环保相结合，可以说是未来建
筑的绝佳典范。

　　"小黄瓜"被誉为伦敦首座拥有生态环境的摩天楼，这是因为"小黄瓜"的设计者在设计初期便考虑到空气动力和室内光影问题，这使得建成后的摩天楼下完全没有普通高楼下的强烈阵风，最大程度的光效利用使其室内四季充满自然光，有效的通风设计避免了大量空调的使用，这一生态设计出自于英国建筑大师 Norman Foster 之手，他的代表作还有同样享受美誉的伦敦千禧桥。

　　"小黄瓜"采用的很多全新的设计理念和技术，可以说是对业界的一种突破，尽管工程的耗费巨大，但"小黄瓜"最吸引人的地方不仅是名字出彩、外观特别，而且它较同样的建筑节能 50%，所以从长远的角度讲，这种新的设计理念是可持续发展的。

"小黄瓜"的落成

　　在 1996 年，崔佛嘉集团曾提出建造一栋高达 386 米，楼层总面积为 9 万平方米，且拥有 305 米的观景台的摩天楼，然而因为某些原因最

终被否定，取而代之的是经过改良的新版本——建造一座拥有生态环境的大楼，也就是现今享誉全球的圣玛利艾克斯 30 号大楼。

圣玛利艾克斯 30 号大楼于 2003 年 12 月落成，并于 2004 年正式启用。大楼建立在圣玛利·艾克斯街，高达 180 米的 40 层摩天楼再一次掀起了伦敦高楼热。

圣玛利艾克斯 30 号大楼的设计理念出自诺曼·福斯特和他的合伙人肯·夏托沃斯，以及曾参与设计"水立方"的奥雅纳工程咨询公司，大楼实体建筑则由瑞典的司康司克营建公司负责。

昵称小黄瓜的由来

这座摩天楼有着惊人的圆周，最大圆周的周长相比高度仅少两米。伊斯雷尔说："类似的圆周极其少见，因为这需要电脑辅助设计，施工的成本也更高"。此外，设计者在"小黄瓜"外部结构设计上为之安排了 2.4 万平方米的玻璃幕墙，希望通过这一设计使得"小黄瓜"拥有高效的节能能力。

小链接

原为瑞士再保险公司总部大楼的"小黄瓜"于 2003 年 12 月落成，并在 2004 年 4 月 28 日正式启用。启用初期由于大楼改变伦敦的天际线饱受伦敦各界人士的攻击，然而在不久便获得"英国皇家建筑协会史特等奖"。"小黄瓜"的外形结构上没有独具特色的大门，因此给予初次参观者一种茫然的感觉，但从另一个角度理解这也是"小黄瓜"区别于普通摩天楼的地方。

设计师诺曼·福斯特在设计时就尽量的缩小了外墙面积，因此"小黄瓜"在冬天能有效减少热量损失，在夏天减少过度增加的热量。良好的通风和采光设计，减少了大楼内部空调和照明设备的大量使用。在 2004 年，"小黄瓜"被评为"英国史特灵奖"，被誉为 21 世纪伦敦街头最佳建筑物之一。

师生互动

　　学生：老师，能详细介绍一下"大裤衩"吗？

　　老师：中央电视台总部大楼有一个昵称——"大裤衩"，这个总部大楼位于北京市的商务中心区，整座大楼设有央视总部大楼、电视文化中心、服务楼、庆典广场等。大楼的外墙采用大面积玻璃窗与菱形钢网格结构。大楼的外墙使用的特种玻璃其表面被烧制成灰色瓷釉，这样就可以更好地遮蔽日晒，也可以适应北京这种阴雾的空气质量环境。但北京的阴霾天气经常发生，而且空气污染非常严重，此时大楼的玻璃外墙仿佛被融化在空气中似的，消失不见了。从外面看时，大楼仿佛只剩下网状结构，如同凝固在空中一般。在北京这个繁华的街头，原本都是清一色的高低耸立的写字楼，这样一座斜跨的大楼的确让这一带增色不少，而大家还给它起了一个流传度最广的名字"大裤衩"，也许这个名字有点俗气，但却是这般生动、容易记住。

荷兰立体方块屋

◎ 妈妈给智智买了个魔方做玩具。

◎ 智智玩魔方非常熟练，几分钟就弄好了。

◎ 智智要给妈妈和爸爸表演魔方。

◎ 过了很久，智智都没有摆好。

建筑中的"魔方"

　　荷兰建筑设计师们的想象力和创造力绝对出乎你的意料，经由他们的灵感设计出来的建筑是世界建筑的典范，代表了建筑界的潮流风向。其中，由荷兰建筑师伊特·布洛姆（Piet Blom）设计的立体方块屋就是一个很好的例子。这个在1984年完工的建筑是由38座方块房子构成的。这些不是普通的方块，每个方块房子都只有一点安置在柱子上，其中三面对着天空，三面对着大地。如果能在这样一个倾斜的方块屋中度过一晚，相信你会对这次经历永生不忘。

在充斥着现代建筑群的布拉克（Blak）地铁周围，立体方块屋很是显眼。如果说整个建筑群是一片森林的话，那么布洛姆希望自己的作品是一棵树。他希望在大都市打造一个功能齐全，舒适宜人的村庄。从远

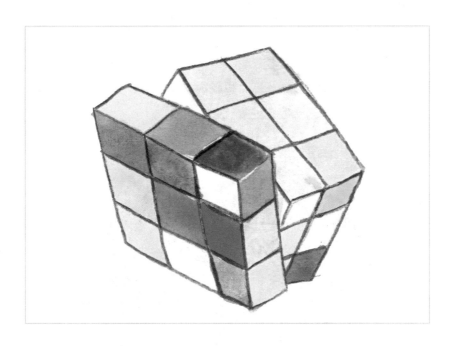

处看时，一个个巨大的立方体依次连接在一起，每个都倾斜了45°，仅以一点支撑着，仿佛在六角形的柱子上用单臂倒立着。走近了却发现每个立方体都是单独的房屋，三面朝天，三面向地。立方体一个个首尾相连，柱子底下则作为开放的公共空间，比如个人工作室或商业小店。到目前为止，已经有51个立体方块屋分布在这片"森林"，并投入使用了。其中，38座是私人住宅，另外一些是办公室、服装铺、奶茶店或者蛋糕屋，还有一部分属于学校。作为游客想要参观，查看究竟的话可以到唯一开放的"示范屋"。

倾斜的房子

　　每个立体方块屋都是倾斜的，墙面和窗户也是如此，这不禁引起了游客的好奇，想看看屋里的家具是如何摆放的，住在里面又是何种感觉。在满满的疑惑与好奇中，我们踏上了陡峭的楼梯，走进了其中一间屋子。屋内的布局颇具匠心，家具也是特制的。一层是立方体的下部，有三面外倾的墙，厨房、卫生间和书法各自占据一个角，把这里装扮成一个紧凑的空间。二层相对来说面积较大，是立方体的对角平面。

　　这两层的视野都很开阔，这要归功于那外倾的窗户。不仅是小广场上玩耍的儿童，还有那远处横卧在新马斯河上的大桥都能清楚地看见。

　　顶层是浪漫迷人的与世隔绝的阁楼。阁楼的三面天窗刚好是立方体向上的尖角。温暖的午后，阳光如瀑布般泻下，从天窗中投射进来，此时如小猫般窝进沙发里休息会儿或是读一本喜欢的书都是神仙般的生活。

"树屋"

立体方块屋坐落在荷兰省的鹿特丹，从 1982 年开始建造，直到 1984 年完工。完工后的建筑由 38 座明黄色的方块房子组成，耀眼夺目，在蓝蓝的天空下十分显眼。因为方块屋像社区这片森林中的一棵树，因为它还有一个别称"树屋"。

立体方块屋只有一点安置在柱子上，三面朝天，三面向地，倾斜着，展示着形式、美学与空间效果。因它的独特造型，很多荷兰本土的居民和世界各地的游客都慕名而来，欣赏立体方块屋。这些方块屋在钢筋混凝土的柱子上独自鲜艳，矗立。每个立方体都有不同朝向的玻璃窗，用来从不同方向获得阳光，也能提供不同的角度欣赏外面的风景。虽然屋子倾斜着，但里面却很舒适，卫生间、书房、浴室、卧室、厨房、客厅等全都有，当然还有那窗外的独特美景。

小链接

鹿特丹（Rotterdam）是荷兰第二大城市，位于欧洲莱茵河与马斯河汇合处。鹿特丹是连接欧、美、亚、非、澳五大洲的重要港口，素有"欧洲门户"之称。城市市区面积200多平方公里，港区100多平方公里。市区人口57万，包括周围卫星城共有102.4万。鹿特丹地势平坦，位于荷兰低地区，低于海平面1米左右。

师生互动

学生：老师，世界上还有什么有趣的建筑呢？

老师：波兰索波特市有一家生意兴隆的购物中心，它的一个附属建筑，成了当地的著名旅游景点。这不是因为别的，而是因为这个建筑扭曲的特点。这个建筑在2004年建成，楼身如同喝醉了一样，弯弯曲曲，憨态可掬。另外，房子的用色也给人留下深刻印象。明亮的暖黄、深邃的蔚蓝、活泼的鲜绿……还有五颜六色的玻璃和各种装饰。因为如此可爱独特的外观，这个建筑被杰克·简奴斯命名为"扭曲的房子"。

学生：可是我并没有听说过这个建筑啊？

老师：这个建筑在波兰出镜率极高。它建于2004年，建筑面积总共大约有4000平方米，是当地一家购物中心（Rezydent Shopping Center）的附属建筑。如今因其独特的外观，已成为著名旅游景点。

信不信由你博物馆

◎智智在睡觉。

◎智智做了个梦，梦见自己变成
了哆啦A梦。

◎智智梦到自己在空中飞。

◎智智醒来了，缠着妈妈要一个
哆啦A梦。

看似就要倒塌的粉色大楼

在你的记忆里或者想象里，什么事情是最不可思议的？西游记里的九头怪物，还是哆啦A梦的神奇魔法盒子呢？如果能的话，你想真真切切去看一次吗？如果答案是肯定的，那么就跟随我的脚步，一起到美国的"里普利信不信由你博物馆"去看看吧。这是世界上最神奇的一座博物馆，它会颠覆你对传统博物馆的印象，没有各种刻板的历史故事，而是各种形状的、出乎意料的东西都能在这里看见，信吗？信不信由你！

这个博物馆的外观就很奇特。第一次站到"信不信由你"博物馆门口时，你绝对会被这个外观吓一跳：三层高的粉色大楼竟然有一条像饭碗口那么粗的裂痕，白色的柱子则像麻花一样扭曲。这么看起来的博

物馆如同刚经历过重大打击，一副随时会倒塌的感觉；中间仿佛是被雷劈的，直接成了两半，裂痕中间是一个看起来随时会掉落下来砸到你的地球仪，也许你在没进去之前就开始担心，担心它会不会随时倒下。如果你胆小的话，那就不要进来哟。其实博物馆的主人里普利是特意把外形模仿楼身遭遇地震后发生断裂的样子，因为他这么做的目的是为了纪念 1812 年发生在这里的一次大地震。

这就是卡通作家里普利在 1998 年创建的"信不信由你"博物馆，

这个博物馆又名"不可思议博物馆"。里普利在环游世界的同时就会收集各种稀奇古怪的物件，回到美国时就将物件放到博物馆内展示。他走过了将近200个国家和地区，为博物馆带来了世界各地最神奇恐怖的东西。如果你胆子够大，就跟着一起去看看吧，千万不要颤抖哦，因为这里面的藏品会超乎你的想象。

展品千奇百怪，不可思议

博物馆里有许多奇特的动物和人的复制品。比如，三条腿的马和两个头的奶牛、童话传说中的小矮人、特别胖的大力士，还有头上长角的怪人与特别高的奇人。这其中最奇特的是一个和男人一样长满胡子的妇

女。你可别以为这些是博物馆胡乱想象出来的，他们都是世界上真实存在的人和物。

工艺品展区的艺术品也同样的不可思议。有一个用 3000 个晒衣服的夹子做成的计时用的大时钟。还有用 6057 枚在 1963 年没有发行的印有罗斯福头像的一角硬币拼成的美国白宫模型。而美国的伟大总统"林肯的小木屋"则是用 16360 枚印有林肯头像的一分硬币做成的。烤面包居然能做成达·芬奇的世界名画《蒙娜丽莎的微笑》。没有人可以咬到自己的鼻子，即使在凳子上站着也不行。可这个博物馆里的人却能做到，而且还把鼻子送进了嘴巴。这里还展示着各种神秘部落和民族的神秘生活。

你以为这些已经够神奇了？不，我还没带你看更神奇的呢。好戏在后头，这里有各种用火柴制作的汽车模型，模型的车灯真的会发光，车轮也能转动。

只要你渗透其中的原理，你也可以自己制作出这样的模型，然后在家开一个属于自己的"信不信由你"博物馆。除了可以参观这些不可思议的事物外，还可以启发我们的思维，或许一些小发明、小创造就由此而来了。

博物馆内也有不少关于中国的"故事"

如今，"里普利信不信由你"博物馆已经成为美国佛罗里达州最著名的景点了。人们因为希望尝试惊险、神奇、恐怖的世界而来到这里。这里展出的各种新奇古怪的东西不仅能对儿童和青少年提供教育价值，还可以充分地体验多种世界历史的展示物，早在 1937 年，"信不信由你"的主人就来过中国游历，调查。因此，博物馆里也展示西藏人的头骨饰品。还有比如古代中国妇女的"三寸金莲"、古代的木雕、玉雕

等。也许你在国内看到这些东西也就不觉得多么神奇，但老外对中国古代却一直情有独钟，觉得特别有神秘感。

面对这样神奇的博物馆，你是否会心动呢？

小链接

说到不可思议，就要说说世界上最不可思议的事。

近期有记录的海洋中最高的浪是 2004 年发生在毛伊岛上的巨浪，高达 21 米，不过有史以来有记录的最高巨浪却是 1958 年发生在美国阿拉斯加州利图亚湾的巨浪，是由海啸引起的，海浪超过 510 米，比纽约的摩天大楼"帝国大厦"还高。

100 多个蚕茧能制造一根丝绸领带，而一个蚕茧能抽出的丝有 1000 英尺长。

人的身体共有 650 块肌肉，而大象的鼻子居然有 4 万块肌肉。

我们吃东西时有酸甜苦辣咸的味道，这是因为我们的舌头上有味蕾，不过味蕾的寿命不长，平均只有 10 天，舌头上的味蕾有 1 万个。

被从正面击打的高尔夫球飞出去最高可达每小时 170 英里的速度，相当于一级方程式赛车的平均速度。

……

师生互动

学生：老师，博物馆的主人里普利是怎样一个人呢？

老师：里普利（Robert Ripley）原先是纽约的一个漫画故事家，他在纽约日报出版以连载体育的珍奇纪录为素材的漫画和故事，聚集了很多人气。后来里普利冒险环游全球，开始亲身体验世界上所有珍奇东西。在他环游过程中，他记录了他亲眼见到的珍宝和各国的历史，有些事情不仅神秘而且无法想象。他把这些看起来奇奇怪怪的事物集结起来，建立了这座"信不信由你"博物馆。他曾于 1937 年访问我国，也给美国介绍过我国的风俗和历史，35 年间环游国家多达 198 个，搜集了工艺品、照片、漫画等。他走过的足迹连成线段的距离可以环绕地球 10 周。可以说他是一个有着传奇经历的人。

机器人入侵——泰国的机器人大楼

◎ 智智和妈妈去超市，看到了变形金刚。

◎ 智智缠着妈妈买变形金刚。

◎ 妈妈见拗不过智智，只好给他买了一个变形金刚。

◎ 智智抱着变形金刚，不愿意放手。

我是最最神奇的智智！

奇特又搞怪的机器人建筑

说到机器人大家肯定不陌生，无论是电视上的动画片还是机器人坑具，给我们的印象就是钢筋铁骨，而且拥有超能力。而今天要介绍的机器人尽管是钢筋铁骨，但它却没有超能力，而它也是这个世界上最大的机器人。它到底在哪里呢？当然不可能你家的车库里，也不可能在美国的机器人博物馆里，更不是好莱坞制片现场的"大片主角"了。其实它离我们很近，就在曼谷繁华的街头，它的名字是"机器人大楼"，它是全世界最特别的十大建筑之一。

　　机器人大楼位于泰国首都曼谷中央商务区沙通南路，这座造型奇特的大楼原来是亚洲银行的办公大楼。如果你站在楼外观看它，它就像一个带着强烈金属光泽的巨型机器人，而且它的眼睛还瞪得圆圆的、大大的。在它"身体"两边还各有一排"大螺帽"。因为大楼的外墙带有这样的金属光泽，会让人马上想到美国大片里无所不能的"变形金刚"。在大楼的楼顶还有两根立起的避雷针，从远处看就犹如像机器人头上的两根天线。这座机器人大楼在泰国是一座地标性的建筑物，用一个机器人的造型来当建筑物也是少有的，机器人大楼也因为这样奇异又搞怪吸引了建筑界乃至游客们的目光它也被称为建筑界的一件独特的杰作。而它也入选了美国洛杉矶当代艺术博物馆评选出的"全球最有艺术性的

50座建筑"，在网上的评价更高，网友称之为"世界上最具特点的建筑物"的第一名。

当我们走进这座二十层高的大楼时，就会发现它楼内的设计是和外部设计保持一致的，在每一个细节上都表现出工业化的特点。比如厕所的门是和外墙融为一体的，都是带有金属光泽，连在电梯内固定镜子的钉子都有超大的不锈钢螺帽，它们的设计会让你感觉到工业化无处不在。其实这座建筑的设计算得上是一次后高技的设计，因为设计师对于机器人的定义不仅是用机器人的部件表示，而是用整体的包装风格化形成。包括机器人的眼、胸、臂、膝、腿都是用一个抽象的理念去表示，但这个抽象又不会脱离人性的。当然，也少不了螺帽、螺钉、齿轮等机械部件，但他们也不是按着原来的"面貌"出现，是一个抽象化的状态。

设计理念为了呼唤新时代

大楼的工作人员杰拉介绍，机器人大楼建于1986年，这里原来是亚洲银行的办公大楼，集办公用途与商业用途于一身，亚洲银行的董事们当时对于办公大楼的设计理念就是可以反映出目前科技与古典主义的明显的反差，体现出自身的未来理念，希望可以借此呼唤出一个计算机银行管理的新时代，所以匠心独运的设计师就为银行设计出了这样一个机器人造型的建筑物。当这座大楼建成后，大家给它取了各种各样新奇古怪的名字，比如21世纪、用户友善、后高技派等，最后它被定名为"机器人大楼"。而这座机器人大楼看似古怪奇特，但它的设计确实严格遵守着城市的结构与空间规定方面的要求，是一次成功的、实际的运作，即机器人的造型正好符合城市有关退后的相关规定，就是四个边都要在18度的倾角线之内。在2005年的时候，亚洲银行被大华银行并

购，这座大楼也就随之转到大华银行名下。尽管大楼已经更换了主人，但仍有不少人认为它代表着现代社会中银行。

设计灵感来自一个机器人玩具

这座大楼的设计者是著名设计师书梅·朱姆塞。书梅说起大楼的设计灵感时，他说是来自儿子的一个机器人玩具。书梅在设计机器人大楼时还表示，机器人大楼不仅是一座银行办公楼，它更应该是一座体现以人为本理念的大楼。

所以这座大楼的餐厅并没有和传统的办公楼那样被设计在地底下，而是被设计在景色特别好的高层；大楼的地基有 2.5 米厚，而打基地的底座时，也没有采用噪音连连的柴油动力，而是用电力为主的机器，为的是不要打扰到附近的居民。

工作人员杰拉还介绍，书梅在设计大楼不仅想要有一个未来感的理念，更蕴含着深深的文化内涵。因为在美国人心中，机器人是一个"怪物"，很可能随时让人类没了饭碗，甚至会统治人类；而在泰国人的心中，机器人是一个既友好又亲切的朋友，它们是人类的得力助手，犹如这座外表奇特、可爱老实的机器人大楼，为人类创造更多的价值。

小链接

　　设计师书梅·朱姆塞设计了机器人大楼，让世界上对这样一位设计师刮目相看，对他的奇思妙想表示惊叹和赞赏。其实书梅的设计理念深受柯布在50年代的雕塑风格影响，即早期的立体派抽象"风格"样式的影响，他的设计尽管会从东方文化一贯的思维出发，但他会更倾向于具象形态。朱姆塞把从柯布身上学习到东西的进一步深化，进而运用到抽象的几何关系、比例、材料等方法，这样的方法也有利于他创造出更多独特的半具象、半抽象的雕塑般"成品式""图像式"建筑。他设计的出发点通常都是一个十分具象的事物，比如机器人大楼的设计，他就是从一个机器人玩具中出发；如在设计电路板报社办公楼时，他从总编的剪影出发，尽可能下意识地"减弱拟人化的联想"。所以我们看到书梅·朱姆塞设计出来的建筑总是给我们一种既不同于西方现代建筑，又有别于传统的东方建筑的特点。

学生：老师，机器人大楼好特别呀，为什么书梅·朱姆塞可以想出这么奇特的造型，又可以设计得这么巧妙呢？

老师：书梅·朱姆塞是一个爱思考、爱观察的人，他在设计的时候会从身边的一些细节、事物入手寻找灵感，比如一个机器人玩具、一个剪影，再经过自己的思考和学到的自己加以运用，利用自己的奇思妙想设计出一个让全世界的人们都感到惊奇的建筑。我们应该学习他善于观察、从细节出发的精神。无论做什么事情都不可以想当然、马马虎虎，千万不要放过身边一些细微的东西，而且，凡是都要学会多思考，努力创新。也许我们不可能每个人都成为一个成功的设计师，但我们可以通过努力，让自己的人生大放异彩。

会跳舞的房子

◎智智跟着电视上的人手舞足蹈起来。

◎爸爸看到智智，问他在干什么。

◎智智停止舞蹈，跟爸爸说话。

◎爸爸给智智讲述会跳舞的房子的故事。

房子犹如男女共舞，曼妙婆娑

　　如果可以让城市里的建筑物都换个造型，不再是那个刚劲水泥的建筑，可以是不同的性格、不同造型的，也许可以让这个拥挤的城市变得生动活泼一些，也让忙碌的人们对生活有一份新的期待……设计师们不会忽略大家的感受，世界上的确有一些千奇百怪样子的建筑，有一份报纸居然选出了世界上最古怪的 10 大建筑物，在这 10 大里面有的长得和一棵树一般的酒店，有的建筑物既有长得像树一样的酒店，有的歪歪扭扭犹如一个醉汉一般的房子……这些房子尽管造型古怪，但却少了几分严肃和呆板，因为设计师那些天马行空的创意和想法，好像把一个个冷冰冰的水泥建筑都赋上了五味杂陈的表情。今天要介绍的就是一座看起来会跳舞的房子……

这座房子位于捷克首都布拉格的闹市区，坐落于沃尔塔瓦河畔，它其实是荷兰国民人寿保险公司的大楼，因为它的外表看起来充满曲线韵律，那扭转蜿蜒的双塔就如两个相拥而舞的舞者，所以它也被大家称为"会跳舞的房子"。从外观看，左边的建筑就像是玻璃帷幔外观的"女舞者"，因为建筑的上部窄而下部宽，就如一位穿着舞裙的优雅女士，而右边圆柱状的建筑就像是绅士翩翩的"男舞者"，因此也有人以著名

的双人舞者费来德、琴吉的名字命名它，称之为"费来德与琴吉的房子"，甚至还有人认为它像一座酒醉的房子。这座房子顶楼也是一个有情调的地方，那是布拉格最有名的法式餐厅——"布拉格的珍珠"。当在夜幕低垂时，你站在餐厅顶楼去远眺附近的皇宫和大教堂，不远处皇宫的灯光和河上流动的灯影是那么温柔、浪漫，犹如两个暧昧相约的恋人，道不尽的是彼此的爱慕和情绪。

这座建筑是在 1992 年由美国知名前卫建筑师法兰克·盖瑞和生于南斯拉夫的克罗埃西亚籍的捷克建筑师弗拉多·米卢尼克合作设计的，他们发挥了自己的奇思妙想，把一个空的商宅河滨基地设计成这样一座"会跳舞的房子"。在 1995 年，这座房子正式完工，而它在 1996 年的时候被评为最佳建筑设计奖。

房子造型过于独特惹争议

也许我们今天看这座房子觉得它是那么的有创意，但当时的它却不受到当地人的待见，这栋建筑从规划到完成却是贬多于褒，它是布拉格最受争议的后现代结构主义建筑之一。因为法兰克·盖瑞还有一个昵称是"外星人美国建筑师"，所以当地人认为这座建筑的设计漠视布拉格当地最原始的风土环境，这样的设计知识为了哗众取宠，一味复制美国的经验。捷克人还戏称那个看似"曼妙的女舞者"造型的玻璃曲线塔是一樽"被扭曲的可口可乐瓶"，大部分人甚至觉得这座房子是美国人在"二战"后在欧洲大陆投下的另一颗定时炸弹，目的就是为了破坏布拉格城市的纹理。尽管设计者最开始的初衷根本没有往政治上想，只是想要设计出一座出彩的建筑物而已，但因为这建筑物的设计与传统的建筑有着天壤之别的不同，所以遭到了很大的非议，甚至一度还出现过当地居民抗议这座建筑物建成的活动。之后，捷克时任的总统瓦茨拉夫

·哈维尔在这个地址的隔壁居住了十年之久，他公开支持这个设计，也希望这座造型奇特的建筑可以成为布拉格文化活动的中心。

地址原是美军轰炸地

这座房子除了造型独特让人觉得不可思议外，它还是一个具有历史意义的地方，因为这座房子的地点原来是有另一座建筑物的，不幸的是原来的建筑物在"二战"期间美军轰炸布拉格时，误以为是德国的德雷斯顿而惨遭炸毁。所以，从历史意义的角度上讲，这座房子的地址也是一个见证当年那段悲惨历史的地方。

小链接

被誉为20世纪最重要的经典之作——《生命不能承受之轻》，让我们知道了米兰昆德拉，也让我们认识了他的祖国捷克，一个适合文学创作的国度。而它的首都布拉格便是这个国度的主角，布拉格这座城市的主角却是一座座城堡，如果说没了这些城堡，那么这座城市也少了它的主题。城市街道两旁的建筑是风格各异的，一幢连一幢，让人流连忘返；连接古堡和旧城的古桥便是查理大桥，桥下就是湍急的伏尔塔纳河。在桥上最为著名的景点就是那一尊尊历史悠久的雕塑。桥上有来来往往的游客，加上一些小贩兜售一些特色产品，一副好不热闹的景象。大桥两边有着高高的桥塔，这桥台在古代是有着极其重要的防御和守卫作用的。如果站在桥塔的最高处，就可以将整个布拉格城尽收眼底。

师生互动

学生：老师，为什么设计师的创意那么好？为什么他们就可以设计出这样的房子来？

老师：其实设计师他善于发挥自己的奇思妙想，打破陈规，不惧怕世俗的眼光，发挥出自己的想象力，才能设计出这样一座房子来。在生活中，我们也要善于发挥自己的创意，当遇到瓶颈或者是不被认可时，我们应该学会坚持，这样终有一天会成功的。

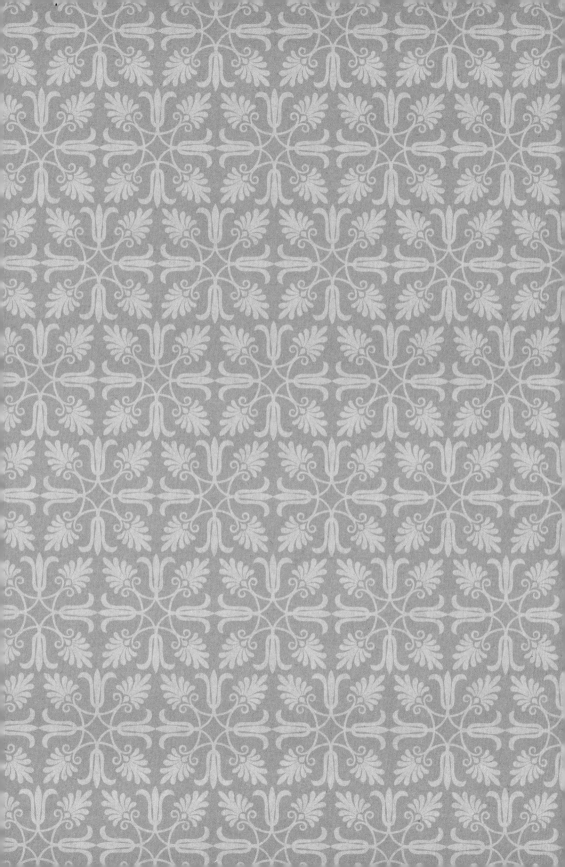

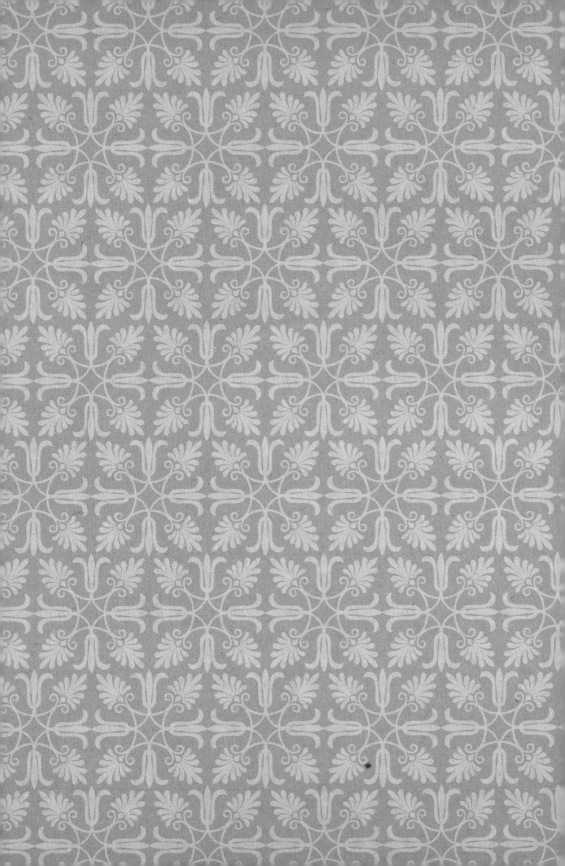